气候变化对黄河流域水资源的
影响与对策

杨明祥　陈靓　鹿星　著

中国水利水电出版社
www.waterpub.com.cn
·北京·

内 容 提 要

　　本书以解决黄河流域气候变化对水资源影响的实际问题为导向，结合气象学与水文学理论基础，系统分析了黄河流域气候、水文和自然环境现状，揭示了黄河流域近几十年来气候和水资源的演变规律，以及黄河流域水资源面临的问题和挑战；评估了气候变化、人类活动等各要素对黄河流域水资源数量、质量、时空分布等的影响；预估了未来气候变化趋势及其影响下的黄河流域水资源演变方向；并在全面总结黄河流域水资源特征和普适性规律的基础上，提出合理的应对政策建议，为流域管理提供理论依据和政策指导，共同实现黄河流域经济社会发展和生态环境保护"共赢"的目标。

　　本书可供相关政府部门的管理人员，水文、气候变化、水利水电工程、政策研究等领域的学者和技术人员，以及大中专院校相关专业的教师和学生参考。

图书在版编目（ＣＩＰ）数据

气候变化对黄河流域水资源的影响与对策 / 杨明祥，
陈靓，鹿星著. -- 北京 : 中国水利水电出版社，2021.3
　　ISBN 978-7-5170-9481-4

　　Ⅰ．①气… Ⅱ．①杨… ②陈… ③鹿… Ⅲ．①气候变
化－气候影响－黄河流域－水资源管理－研究 Ⅳ.
①P467②TV213.4

中国版本图书馆CIP数据核字(2021)第049997号

书　　名	**气候变化对黄河流域水资源的影响与对策** QIHOU BIANHUA DUI HUANG HE LIUYU SHUIZIYUAN DE YINGXIANG YU DUICE
作　　者	杨明祥　陈靓　鹿星　著
出版发行	中国水利水电出版社 （北京市海淀区玉渊潭南路 1 号 D 座　100038） 网址：www.waterpub.com.cn E - mail：sales@waterpub.com.cn 电话：(010) 68367658（营销中心）
经　　售	北京科水图书销售中心（零售） 电话：(010) 88383994、63202643、68545874 全国各地新华书店和相关出版物销售网点
排　　版	中国水利水电出版社微机排版中心
印　　刷	清淞永业（天津）印刷有限公司
规　　格	184mm×260mm　16 开本　9.75 印张　202 千字
版　　次	2021 年 3 月第 1 版　2021 年 3 月第 1 次印刷
定　　价	**68.00 元**

前　言

气候变化关乎人类共同命运，深刻影响自然生态系统和经济社会发展。中国政府高度重视应对气候变化，把减缓、适应气候变化作为积极应对气候变化国家战略的重要组成部分。黄河不仅是我国重要的生态屏障和重要的经济地带，也是打赢脱贫攻坚战的重要区域，在我国经济社会发展和生态安全方面具有十分重要的地位。气候变化下黄河流域水资源的响应情况将直接影响该地区经济社会发展与生态环境保护。

2019 年 9 月，习近平总书记在河南考察期间，召开了黄河流域生态保护和高质量发展座谈会，提出黄河流域生态保护和高质量发展重大国家战略。这是黄河流域生态保护和发展的重大战略布局，也是黄河治理史上的一个里程碑。保护黄河是事关中华民族伟大复兴和永续发展的千秋大计，研究气候变化下黄河流域水资源的响应与应对，对保护和改善黄河流域水资源和生态环境、推动黄河高质量发展具有重要意义。

本书阐明了黄河流域气候变化与水资源现状，运用大数据技术，以及趋势分析、突变分析、周期分析等水文统计学方法，系统揭示了黄河流域气温、降水、蒸发等主要气候要素的时空分布特征和变化规律。

本书基于黄河流域降水、气温等气候要素的地面历史观测和再分析资料等多源数据，改进和发展模型理论方法，构建了适用于黄河流域的 LSX - HMS 陆面水文模型系统；并结合数值模拟和归因分析方法，系统分析了气候和人类活动各要素变化对黄河流域水资源的定量影响，总结普适性规律。

本书还进一步选取了模拟性能较好的 CMIP - 5 全球气候模式，将未来不同升温情景下的气候输出作为 WRF 区域气候模式的驱动场，构建未来情境下气候模式与大尺度陆面水文模型的耦合模式，模拟了未来气候变化影响下黄河流域水资源的时空变化趋势，预估了气候变化影响下未来黄河流域水资源量以及不同区域潜在的水资源问题。

在总结变化现状、分析影响规律、预估变化趋势、确定潜在水资源问题的基础上，本书通过梳理国内外水资源领域应对气候变化最新进展，结合黄河流域实际情况提出了流域应对气候变化的总体策略；并从"常规对策"和

"应急对策"、"减缓对策"和"适应对策"两个维度提出黄河流域应对气候变化的对策建议，为"幸福河"的建设提供相关参考。

本书由生态环境部应对气候变化工作专项"气候变化对黄河流域水资源影响与应对"项目（20190306）、自然科学基金项目"基于数值模拟的雅砻江流域风能资源多尺度耦合评估方法研究"（U1865102）、自然科学基金项目"NWP 模式动态参数化方案及其驱动下的径流集合预报研究"（51709271）及第二次青藏高原综合科学考察研究专题"水资源演变与适应性利用"（2019QZKKO207）联合支持。

本书由杨明祥、陈靓、鹿星共同撰写。中国水利水电科学研究院王浩院士、蒋云钟教授对本书的写作给予了悉心指导。在此对各位专家表示衷心的感谢。

作者

2021 年 1 月 15 日于北京

目 录

第1章 绪　论

气候变化关乎人类共同命运，深刻影响自然生态系统和经济社会发展。中国政府高度重视应对气候变化，把减缓、适应气候变化作为积极应对气候变化国家战略的重要组成部分，努力构建山、水、林、田、湖、草生命共同体，提高基础设施、农业、水资源、海洋、生态系统、人体健康等领域适应气候变化能力，更好提升人民群众的获得感、幸福感和安全感[1]。

2019年9月，习近平总书记在河南考察期间，召开了黄河流域生态保护和高质量发展座谈会，提出黄河流域生态保护和高质量发展重大国家战略[1]。这是黄河流域生态保护和发展的重大战略布局，也是黄河治理史上的一个里程碑。他强调要坚持绿水青山就是金山银山的理念，坚持生态优先、绿色发展，以水而定、量水而行，因地制宜、分类施策，上下游、干支流、左右岸统筹谋划，共同抓好大保护，协同推进大治理，着力加强生态保护治理、保障黄河长治久安、促进全流域高质量发展、改善人民群众生活、保护传承弘扬黄河文化，让黄河成为造福人民的幸福河[2-3]。

黄河流域不仅是我国重要的生态屏障和重要的经济地带，也是打赢脱贫攻坚战的重要区域，在我国经济社会发展和生态安全方面具有十分重要的地位。在气候变化和人类活动的双重影响下，黄河的水文过程发生了剧烈变化，河川径流量变化显著。黄河不同河段受人类活动和气候变化影响的强度不一致，其河川径流变化规律也有所不同[4]。黄河上游地区，气温和降水处于波动上升趋势，呈现暖湿化现象，同时水资源开发进程加快，随之产生的生态环境问题正日益恶化；黄河中游地区，水土保持工程效果明显，河流输沙量和径流量下降，缺水风险呈加剧态势；黄河下游地区，水沙连年减少，造成下游滩区、黄河三角洲湿地与河口萎缩等，成为亟待解决的重大问题。保护黄河是事关中华民族伟大复兴和永续发展的千秋大计，研究气候变化下黄河流域水资源的响应与应对，对于保护和改善黄河流域水资源和生态环境、推动黄河高质量发展具有重要意义。

本书以解决黄河流域气候变化对水资源影响的实际问题为导向，结合气象学与水文学理论基础，系统分析了黄河流域气候、水文和自然环境现状，揭示了黄河流域近几十年来气候和水资源的演变规律，以及黄河流域水资源面临的问题和挑战；评估了气候变化、人类活动等各要素对黄河流域水资源数量、质量、时空分布等的影响；预估了未来气候变化趋势及其影响下的黄河流域水资源演变方向；并在全面总结黄河流域水资源特征和普适性规律的基础上，提出合理的应对政策建议。力争为切实落实习近平总书记对黄河流域高质量发展的要求，积极推动"黄河流域生态保护和高质量发展"重大国家战略，促进黄河流域综合治理目标提供理论依据和政策指导。

1.1　水资源对气候变化的响应

气候作为全球自然环境的重要组成部分，其变化将会对社会经济生活和自然生态环境等多个方面产生重大影响。在水文循环的过程逐渐加剧的背景下，水资源状况在全球各大流域都受到了巨大影响，降水、蒸发以及径流都不同程度地出现了变化。因此，评估水资源对气候变化的响应过程，采取有效的措施存利去弊，改善人类对气候状况的适应性，确保社会的可持续平稳发展，是摆在各国学者和民众面前的一个迫切需要解决的任务。虽然气候变化预测的不确定性很大，但气候变化将对人类生产生活等各方面产生多种影响已被越来越多的学者所认同，国际社会已经公认气候变化是全球性的环境问题之一，并将进一步影响水资源管理系统和社会经济系统[5]。

在过去几十年里，全球气候经历了以变暖为主要特征的明显变化过程。2013 年，政府间气候变化专门委员会（Intergovernmental Panel on Climate Change，IPCC）第五次评估报告指出，全球平均地表气温在 1880—2012 年升高了 0.85(0.65～1.06)℃，全球平均地表气温在 1951—2012 年的升温速率 0.12(0.08～0.14)℃/10a 几乎是 1880年以来升温速率的两倍。过去的 3 个连续 10 年（1980—2010 年）比之前自 1850 年以来的任何一个 10 年都暖[5]。IPCC 评估报告不断加深人们对气候变化以及人类活动的认识[6]。观测表明，近 50 年来全球降水的变化趋势出现明显的空间差异性分布。

水是人类的生命之源，是重要的基础自然资源，气候变化必定会引发水文循环过程的变化，导致水资源数量的改变以及在时空上的重新分布。由于我国人口较多，经济社会发展迅速，水资源供需矛盾不断尖锐，许多地区都面临着水资源短缺问题，而我国很多河流的径流响应对降水等气象因子的变化非常敏感，水资源系统对气候变化的承受能力相当脆弱。

随着人类对气候变化及其引发的一系列全球性问题的关注日益增加，国内外学者对气候变化下水资源受到的影响也进行了大量的研究，在利用多种统计方法以及气候水文模型的同时，也广泛应用各种遥感和地理信息技术分析了气候变化对河川径流和流域水量平衡等方面的影响[7-9]。关于水文要素响应的研究，一方面是利用各种数学物理分析方法研究各典型地区的水文和气象要素数量上的联系规律。另一方面，通过对气候模式的模拟，在选定未来可能变化情景后，利用建立的流域水文模型分析气候变化下各水文气象要素的变化，评估气候变化对水文循环系统的影响程度。

20 世纪 70 年代后期，美国国家研究协会（USNA）在气候变化与供水之间的相互关系和影响等方面进行了讨论[10-12]。1985 年，世界气象组织（World Meteorological Organization，WMO）出版了有关气候变化对水文水资源影响的综述报告，并推荐了一些检验和评价方法，随即又出版了水文水资源系统对气候变化的分析报告[6]。1988 年联合国环境规划署（United National Environment Programme，UNEP）和 WMO 共同组建了 IPCC，专门从事气候变化的科学研究[13-14]。Tung 等[15]采用天气预测模型，利用 GCM 模型输出结果分析了纽约径流在气候变化下的影响。

20 世纪 80 年代后，国内也迅速开展了气候变化对水文水资源影响的研究，并陆续开展了许多关于这方面研究的重大项目。1988 年，在"中国气候与海平面变化及其趋势和影响研究"重大科研项目中，研究了气候变化对西北和华北地区水资源的影响[7]。1991 年，在"全球变化预测、影响和对策研究"的项目中组织了"气候变化对水文水资源的影响及适应对策研究"的专题，分析气候变化对流域径流形成的影响，并对未来气候情景条件下的水资源进行预估和展望[8]。1996 年，在"我国短期气候预测系统"科技攻关项目中设立了"气候异常对我国水资源及水分循环影响的评估模型研究"专项[9]。进入 21 世纪后，国家科技攻关项目"气候变化对我国淡水资源的影响阈值及综合评价"和国家重点基础研究发展规划项目"我国生存环境演变和北方干旱化趋势预测研究"在气候变化对水文水资源的影响方面进行研究[10-11]，并在"十一五"期间提出了《中国应对气候变化科技专项行动》，这是统筹协调和指导 2007—2020 年应对气候变化科技工作的指导性文件。Guo 等[16]采用一个半分布式水量平衡模型分析了中国各大河流在气候变化导致的全球变暖背景下水文系统变量的敏感性。李志等[17]利用 SWAT 模型分析黄土高原黑河流域气候变化和土地利用对水文水资源系统的影响。

1.2 气候系统变化预估

对未来气候变化的预估是科学应对气候变化的基础，也是制定气候变化对策的重要依据。《中国气候与环境演变：2012》评估报告[12]指出，基于多全球模式的预估结果，中国气温将增加 2.3～4.2℃，降水增加 8％～10％，与高温热浪和强降水有关的极端事件将增多，同时干旱化将加重。目前，气候变化的模拟预测主要有 3 种方法：一是利用 IPCC - SRES 温室气体排放情景方法，即在 IPCC 提出的多个 CO_2 排放情景和公布的 21 种 GCMs（大气环流模式）的基础上选择适合当地的 CO_2 排放情景和多个模拟模式进行模拟；二是利用天气发生器对未来的天气状况进行模拟；三是根据历史气候变化趋势进行未来气候变化情景设置。

随着气候变化情景的发展，对温室气体排放量的估算方法越来越先进和全面，相应的社会经济假设也从简单描述走向定量化，并纳入人为减排等政策的影响。为了更好地反映社会经济发展与气候情景的关联，IPCC 气候变化影响评估情景工作组发布了新的社会经济情景——共享社会经济路径（SSPs）。SSPs 情景主要组成要素包括人口和人力资源、经济发展、人类发展、技术、生活方式、环境和自然资源禀赋、政策和机构管理等七个方面指标。

世界气候研究计划（WCRP）耦合模拟工作组（WGCM）1995 年组织了耦合模式比较计划（CMIP）。随后，CMIP 逐渐发展成为以"推动模式发展和增进对地球气候系统的科学理解"为目标的庞大计划。为实现其宏伟目标，CMIP 在设计气候模式试验标准、制定共享数据格式、制定向全球科学界共享气候模拟数据的机制等方面开展了卓有成效的工作。为了更好地实现数据共享，WGCM 从 1989 年开始相继组织了大气模式比较计划（AMIP）、海洋模式比较计划、陆面过程模式比较计划和耦合模式比较计划（CMIP）[17-18]。耦合模式比较计划第五阶段（CMIP-5）相比于耦合模式比较计划第三阶段（CMIP-3）的模式，采用了更合理的通量处理方案、参数化方案等手段和技术，提高了气候模式的模拟预估能力，增强了对气候系统变化的内部机理认识[17-18]。推动了国际气候模式数据共享和各领域的国际合作。

中国是世界上受气候变化影响情况最为严重的地区之一，其气候变化幅度要显著大于全球平均值。因此，中国面临着更加严峻的气候变化形势。正确预估未来的气候变化趋势，是国家经济社会发展的需要。然而气候影响评估是否准确，首要条件就是能否获取更详细可靠的气候信息作为气候影响评估的输入信息。气候系统模式是目前国际上模拟和预估气候变化情况的重要工具和手段，其模拟结果已被生态、环境、水文、农业等领域的研究广泛应用。然而由于气候系统的复杂性，气候模式的结果仍然存在不确定性。随着参加耦合模式比较计划第五阶段（CMIP-5）模式的公开，这些模拟结果被各研究领域广泛应用。

1.3　气候变化下未来水资源预估

水文模型的概念是在 20 世纪 50 年代产生的，以斯坦福流域模型（Standford watered model）的出现为代表[13,19]，当时的模型基本上都属于集总式水文模型，如 HBV 模型、SSARR 模型等。70—80 年代中期，由于研究不断深入和要求提高，集总式水文模型渐渐不能满足模拟精度的要求，从而扩展到半分布式或分布式水文模型[14,20]，较常见的有 SHE 模型、TANK 模型、SCS 模型、新安江模型、SWAT 模型等。但是当时由于受到计算条件、数据观测与收集等多种因素的限制，分布式和半分布式水文模型的应用仍不如集总式水文模型普遍。进入 90 年代后随着计算机技术、3S（GIS、GPS 和 RS）等的普及与发展，水文模型的应用也发生了巨大变革，分布式水文模型得到快速发展。

利用全球气候模式研究温室气体对气候变化的影响始于 20 世纪 60 年代，80 年代后随着计算机性能和全球卫星观测技术的提高，气候系统模式不断发展，全球气候模式作为预估未来气候变化的重要工具，已被广泛应用在气候变化相关领域的研究工作中。国内外学者广泛应用地理信息技术、多种统计学方法，通过气候模式和水文模型相耦合，选定未来可能的气候变化情景，建立流域水文模型，对气候变化下水资源的预估展开了大量研究。

Tung 等[15]采用 3 种方法评估未来 100 年日尺度的天气状况，并将结果输入到日尺度水文模型中，分别评估纽约 4 个流域在气候变暖的背景下水资源的响应。针对我国北方干旱地区和南方湿润地区的一些河流，有学者建立半分布式月水量平衡模型，研究发现干旱地区的河川径流更容易受到气候变化的影响，且径流对降水变化比气温变化更敏感[16-22]。李志等[16]基于 4 种全球环流模式（CCSR/NIES、CGCM2、CSIRO - Mk2 和 HadCM3），3 种排放情景（A2、B2 和 GGa），用 SWAT 模型模拟黄土高原黑河流域气候变化的水文响应，结果表明不考虑土地利用变化时，2010—2039 年平均径流变化范围为−19.8%～37.0%。陈磊[19]以未来情景资料驱动 VIC 水文模型，对比当代气候与未来气候水文要素变化。结果表明，未来黄河流域蒸发有所增加，且幅度大小从上游向下游逐渐降低；径流变化受到降水与气温多重影响，不同气候模式下黄河流域各控制站点未来径流变化情况不一，不同站点不同季节气象要素变化对径流影响也不同。

1.4　气候变化影响敏感性分析

气候变化及与之关联的整个地球大系统的变化，对人类生存和社会发展有显著的影响。为明确水资源变化的主要因素和次要因素，确定气候变化背景下水资源对各影响因素敏感性的高低，需要在各水文要素（包括气温、降水等要素）对气候变化做出反应的基础上，分别针对各气象要素的相对变化百分率做出计算，不同于径流响应的整体性变化，侧重于对单一要素或单一方案的个体反应。IPCC 对敏感性的定义为系统受到与气候有关的刺激因素的影响程度，包括正向以及负向双方面的影响[23]。

在 20 世纪 70 年代后，世界上许多科学家对不同气候条件下水文要素敏感性问题进行了深入研究。Roderick 等[24]提出了基于 Budyko 曲线的径流敏感性分析；Sankarasubramanian 等[25]针对径流敏感性基于流域下垫面属性处于一个相对稳定的状态的假设，引入了"径流弹性系数"概念；Arora[26]提出了以干旱指数的形式来进行径流敏感性分析。以上三种径流敏感性分析方法都是基于长时间序列的历时水文数据观测值，分析径流对各个气象要素或者气象指标的敏感程度以及径流对气象要素或者气象指标的敏感性显著程度和流域径流敏感性空间差异性。Chiew[27]将径流弹性系数概念运用于澳大利亚，评估了未来气候模式下径流随着降水等要素变化出现的响应程度。Donohue 等[28]对澳大利亚干旱地区某流域不同地区进行径流敏感性分析，发现大约 66％的流量来自占流域面积 12％的区域，并且各区域对降水的敏感程度各不相同，具有极大的不确定性。王国庆等[29]利用月水量平衡模型，分析了中国不同气候区的 21 个典型流域，发现黄河以北干旱和半干旱地区径流量对气温和降水变化相对于其他地区最为敏感。也有针对各气象要素所进行的径流敏感性程度进行的对比分析。如姚允龙等[30]利用非更新式人工神经网络模型（artificial neural network，ANN）设置不同气候变化情景，分别分析了挠力河流域各分区对气候变化各因素的敏感程度。

对国内外研究进展进行分析可以发现，敏感性分析的前提是水资源系统外部存在一定程度的气候要素改变量（包括降水，最高、最低温度等），水文要素受到这些改变量的影响出现一定变化，但由于种种条件限制，如地形地貌不同、植被覆盖和土地利用类型差别，各区域对于相同程度的气候改变量呈现出不同的变化量。

1.5　黄河流域水资源对气候变化的响应

黄河发源于我国西北，属于干旱、半干旱地区，源区深居欧亚大陆内陆，远离海洋，中游流经黄土高原丘陵沟壑区，水土流失严重，下游河段长期淤积形成举世闻名的"地上悬河"，黄河流域是我国重要的粮食产区和人口密集区，水资源供需矛盾极大。流域内部水文气候要素变化程度的空间差异性将导致流域径流在时空变化上出现较大的差异性，而黄河流域的人文地理特征决定了其水资源系统对气候变化非常敏感。总而言之，未来全球气候变化可能加重黄河流域的水资源供给压力，直接影响到水资源稀缺地区的可持续发展，给流域水资源的规划管理及其可持续利用带来挑战。基于黄河流域的特殊性和重要性，越来越多的学者和专家关注气候变化对黄河流域水资源的影响，并取得了一定研究成果。

1.5.1　黄河流域径流变化归因分析

影响水资源变化的因素除了气候因素外，还有非气候因素，如人口增加和经济社会发展引起用水量及消耗水量的增加，土地利用和土地覆被变化对产、汇流的影响等。因此，水资源变化是气候变化和人类活动多因素综合作用的结果。目前对黄河流域径流变化的归因分析研究所采用的方法主要有两类：基于水文模型模拟的方法和基于 Budyko 假设的水量平衡方法。水文模型模拟方法具有较好的物理基础，但模型结果存在较多不确定性。基于 Budyko 假设的水量平衡方法，较传统水文统计法具有明显的物理意义，且方法简单有效，但结果仍需要进一步验证。

关于径流变化归因分析的研究较多，但观点不一。许多学者针对黄河流域典型水文站，基于水热耦合平衡方程，开展了径流变化成因及空间差异[20,21]。Zhao 等[22]使用 Budyko 曲线和线性回归来评估气候变化和人类活动对平均年流量的潜在影响，认为气候变化对黄河流域中游北洛河和盐河的流量减少具有更大影响。另有研究发现，基于 Budyko 假设，在黄土高原干旱区水文循环过程更容易受到流域特征的影响；而在湿润地区，气候条件则扮演了更重要的角色。土地利用/覆被变化和降水减少对降低径流的贡献分别为 64.75％和 41.55％[23]。Chang 等通过校准 TOPMODEL 和 VIC 水文模型，认为黄河流域 1991—2000 年气候多变性对减少水流做出的贡献最大，数值为 40.4％，气候变化是黄河流域径流减少的主要因素[31]。

1.5.2　黄河流域水资源对气候变化的敏感性

黄河以北干旱半干旱地区的典型流域径流量对气温和降水变化响应敏感，黄河流域适应气候变化的重点应集中在干旱半干旱地区[31]。黄河源区，当气温保持不变、降水增加 10％时，源区径流量增加 15.5％～19.1％；当降水不变、气温升高 1℃时，径流量减少 0.7％～13.5％[32]；气温对径流量的影响，随降水增多而增强，随降水减少而减弱；源区除吉迈以上区域外，径流对降水变化比对气温变化敏感，越靠近下游这种敏感性越强[33]。黄河中游地区，气温升高 1℃，年径流量将减少 3.7％～6.6％；河川径流对降水变化更为敏感，若降水减少 10％，河川径流量将减少 17％～22％；近些年黄河中游气温升高和降水减少是河川径流减少的重要原因之一[34]。

1.5.3　气候变化对黄河流域未来水资源的影响

多数研究表明，受降水、蒸发不同变化的影响，黄河流域天然年径流量随着区域、社会发展情景和研究时期的不同而有显著的差异。总体而言，未来黄河流域天然径流量呈减少趋势。

王宁[35]以西北典型干旱区石羊河流域上游为研究对象，将 VIC 水文模型应用于流域上游地区并率定模型参数和验证模拟效果；利用 SDSM 统计降尺度模型对全球气候模式 GCMs 进行降尺度处理，分析了未来变化环境下石羊河流域的水文响应：在 A2 和 B2 情景下，2050 年降水量分别比现状减少 7.6％和 13.1％，径流量分别减少 13.2％和 8.3％。张光辉[36]以 HadCM3 GCM 模式对降水和气温模拟结果为基础，在 IPCC 不同发展情景下，分析得出未来近 100 年内黄河流域天然径流量变化幅度为 −48％～203％，全球气候变化引起的多年平均天然径流量的变化从东向西逐渐减小。赵芳芳等[37]集成 GCMs 输出数据、降尺度模型和分布式水文模型 SWAT 建立了气候-陆面单向连接系统，未来黄河源区径流量减少趋势不可避免，2050 年和 2080 年将分别减少 116.64m³/s（31.79%）和 151.62m³/s（41.33%）。Xu 等[38]运用动力和统计降尺度方法对 4 种全球气候模式进行降尺度处理，并运用 SWAT 模型，分析出未来 80 年黄河源区气温都显示增加趋势，降水有微弱的增加趋势，而年均径流为整体下降趋势。

第2章　黄河流域气候与水资源现状

2.1　流域自然概况

黄河发源于青藏高原巴颜喀拉山北麓海拔 4500m 的约古宗列盆地，流经青海、四川、甘肃、宁夏、内蒙古、陕西、山西、河南、山东等九省（自治区），在山东省东营市垦利区注入渤海，干流全长 5463.6km，全程落差 4480m，流域面积 79.5 万 km²（其中包含内流区约 4.2 万 km²），见图 2.1。

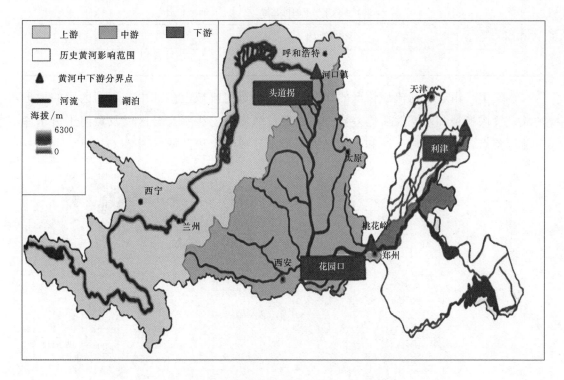

图 2.1　黄河流域示意图

黄河是我国仅次于长江的第二大河，世界第五大长河，也是中华民族的母亲河。但其径流量却只有长江的 1/20，含沙量为长江的 3 倍。黄河流域处于东经 95°53′—119°05′、北纬 32°10′—42°50′之间，东西方向长约 1900km，南北方向宽约 1100km。

一般将河口镇和桃花峪作为黄河干流河道以上中下游分界点。其中河源至内蒙古托克托县的河口镇为黄河上游区域，河道总长 3471.6km，流域面积为 42.8 万 km²，占全河流域面积的 53.8%；河口镇至河南郑州市的桃花峪为黄河中游区域，河道总长 1206.4km，流域面积 34.4 万 km²，占全流域面积的 43.3%；桃花峪以下为黄河下游区域，河道总长 785.6km，流域面积 2.3 万 km²，占全流域面积的 2.9%，见表 2.1。与其他江河不同，黄河流域上、中游地区的面积占总面积的 97%，长达数百千米的黄河下游河床高于两岸地面之上，只占总面积的 3%。大部分地区干旱少雨，生态环境脆弱，是群众生活和生产力水平低下的主要原因；中部有 43.4 万 km² 面积的水土流失严重区，是造成黄河多泥沙的原因，也是造成黄河下游河道淤积，洪水泛滥的根源[39]。

表 2.1　　　　　　　　　　　　黄 河 流 域 概 况

河段	控制断面	区 域 划 分	河道长度/km	流域面积/万 km²	流域占比/%
上游	头道拐	河源至内蒙古托克托县的河口镇	3471.6	42.8	53.8
中游	花园口	河口镇至河南郑州市的桃花峪	1206.4	34.4	43.3
下游	利津	桃花峪以下	785.6	2.3	2.9
总　　计			5463.6	79.5	100

　　事实上，由于黄河流域情况的复杂性，根据黄河流域上游和中游不同区段的地形地貌、气候特征和水文性质等差异，在参考黄河流域二级水文分区以及黄河干流水库汇流等特点，黄河流域上游和中游又进一步细分成 6 个子区域（图 2.2）。

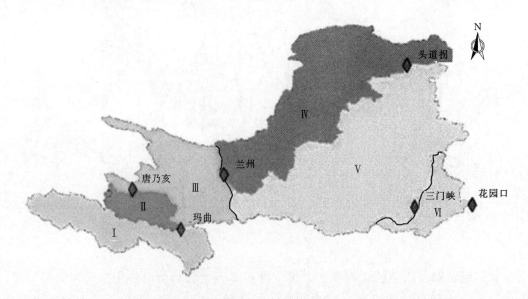

图 2.2　黄河流域上游、中游分区示意图
Ⅰ—玛曲以上；Ⅱ—玛曲至唐乃亥；Ⅲ—唐乃亥至兰州；Ⅳ—兰州至头道拐；
Ⅴ—头道拐至三门峡；Ⅵ—三门峡至花园口

1. 上游分区

上游地区共分为 4 个子区域：

（1）玛曲以上。地处青藏高原——世界上最高的高原，该区域为河源发端，在相当多研究中都是全球范围内对气候变化最敏感的地区之一，在此区域内黄河流经巴颜喀拉山与积石山之间的古盆地和低山丘陵，大部分河段河谷宽展，定义为上游Ⅰ区。

（2）玛曲至唐乃亥。黄河流经高山峡谷，水流湍急，水力资源丰富，唐乃亥水文站是河源区出口水文站，且其下有黄河唯一一座具有多年调节能力的大型龙头水库——龙羊峡水库，定义为上游Ⅱ区。

（3）唐乃亥至兰州。兰州以上是黄河流域主要产水区，且在黄河水资源利用中均要求保证兰州用水需求，一般研究过程中均作为黄河上游分段点，定义为上游Ⅲ区。

（4）兰州至头道拐。此段水流缓慢，地处河谷盆地和河套平原，地处黄河自南向北流顶端存在不同程度的洪水及凌汛灾害，定义为上游Ⅳ区。

2. 中游分区

中游地区分为两个子区域：

（1）头道拐至三门峡。该段为黄土高原地区，暴水土流失现象严重，是黄河下游洪水和泥沙的主要来源，定义为中游Ⅴ区。

（2）三门峡至花园口。该区域支流众多，比降陡峻，产汇流条件好，并有三门峡以下唯一能取得较大库容的控制性工程——小浪底水电站，夏季多暴雨和急暴雨，是主要的暴雨产流区之一，定义为中游Ⅵ区。

花园口以下地处华北平原，花园口水文站天然径流量占全河径流量的 95% 以上，且其以下河道基本为地上悬河，产流汇流面积很小，花园口站天然径流量的变化趋势基本可代表整个黄河流域[40]。因此，花园口以下黄河下游地区不再进一步分区。

2.2 地 形 地 貌

黄河流域西起巴颜喀拉山，东临渤海，北抵阴山，南达秦岭，横跨青藏高原、内蒙古高原、黄土高原和华北平原四个地貌单元。流域地势西高东低，大致可分为三个阶梯（图 2.3）。第一阶梯是西部的青藏高原，位于青藏高原的东北部，平均海拔在 4000m 以上，有一系列西北、东南向的山脉。第二阶梯大致以太行山为东界，该区内白于山以北属内蒙古高原的一部分，包括黄河河套平原和鄂尔多斯高原，白于山以南为黄土高原、秦岭山脉及太行山地。第三阶梯自太行山以东至滨海，由黄河下游冲积平原和鲁中丘陵组成，流域内地形差异显著，空间上呈西高东低，落差 4480m。

图 2.3　黄河流域高程图

　　黄河中、上游以山地为主，中、下游以平原、丘陵为主。西北部紧邻干旱的戈壁荒漠；中部流经世界上黄土覆盖面积最大的高原——黄土高原，挟带大量泥沙风蚀水蚀严重；东部位于黄淮海冲积淤积平原，河道内流速缓慢导致泥沙堆积，从而形成"地上悬河"，雨季洪涝灾害威胁大。

2.3　流　域　水　系

　　黄河水系的发育在流域北部和南部主要受阴山—天山和秦岭—昆仑山两大纬向构造体系控制，西部位于青海高原"歹"字形构造体系的首部，中间受祁连山、吕梁山、贺兰山"山"字形构造体系控制，东部受新华夏构造体系影响。黄河潆回其间，从而发展成为今天的水系。

　　1. 干流

　　黄河干流的主要特点是弯曲多变，主要有 6 个大弯，即唐克弯、唐乃亥弯、兰州弯、河套弯、潼关弯和兰考弯。下游河道由于泥沙淤积善徙善变，现行河道已被淤积成一条地上悬河，河床一般高出两岸地面 3～5m，最大达 10m，成为淮河、海河水系的分水岭。黄河干流按地质、地貌、河流特征及治理开发要求等因素分为上游、中游、下游共 11 个河段。各河段特征值见表 2.2。

表 2.2 黄河干流各段特征值

河段	起讫地点	流域面积 /km²	河长 /km	落差 /m	比降 /‰	汇入支流 /条
全河	河源—河口	752443	5463.6	4480.0	8.2	76
上游	河源—河口镇	385966	3471.6	3496.0	10.1	43
	①河源—玛多	20930	269.7	265.0	9.8	3
	②玛多—龙羊峡	110490	1417.5	1765.0	12.5	22
	③龙羊峡—下河沿	122722	793.9	1220.0	15.4	8
	④下河沿—河口镇	131824	990.5	246.0	2.5	10
中游	河口镇—桃花峪	343751	1206.4	890.4	7.4	30
	①河口镇—禹门口	111591	725.1	607.3	8.4	21
	②禹门口—三门峡	190842	240.4	96.7	4	5
	③三门峡—桃花峪	41318	240.9	186.4	7.7	4
下游	桃花峪—河口	22726	785.6	93.6	1.2	3
	①桃花峪—高村	4429	206.5	37.3	1.8	1
	②高村—艾山	14990	193.6	22.7	1.2	2
	③艾山—利津	2733	281.9	26.2	0.9	0
	④利津—河口	574	103.6	7.4	0.7	0

注 1. 汇入支流是指流域面积在 1000km² 以上的一级支流。
2. 落差从约古宗列盆地上口计算。

2. 支流

黄河支流众多，尤其是在河段的上游、中游部分。其中最大的支流为渭河，它在流域面积、来水量、来沙量方面，均居各支流之首。洮河和湟水的来水量分别居第二位和第三位，无定河和窟野河的来沙量分别居第二位和第三位。

在直接入黄的支流中，流域面积大于 $100km^2$ 的有 220 条，其中大于 $1000km^2$ 的有 76 条。这些支流呈不对称分布，沿程汇入不均，而且水沙来量悬殊。兰州以上有支流 100 条，其中大支流 31 条，多为产水较多的支流；兰州至托克托有 26 条，其中大支流 12 条，均为产水较少的支流；托克托至桃花峪有支流 88 条，其中大支流 30 条，绝大部分为多沙支流；桃花峪以下有支流 6 条，大小各占一半，水沙来量有限。

3. 湖泊

黄河流域的湖泊不是很发育，但仍有一些知名度较高的湖泊，对径流起着一定的调节作用。按自上而下顺序，主要湖泊有青海的扎陵湖、鄂陵湖，内蒙古的乌梁素海和山东的东平湖。其中扎陵湖、鄂陵湖位于河源地区，两湖的蓄水总容积约160 亿 m^3，几乎为鄂陵湖总出口处年径流的 20 倍，具有多年调节性能。将来黄河上游南水北调实现以后，可以发挥很大的调节作用。乌梁素海可以接纳内蒙古灌区退水，和黄河有微弱联系。东平湖可以调节一部分超标准洪水，对黄河下游防洪有重要作用。

另外，随着黄河水资源的开发利用，陆续出现了一些库容巨大的人工湖泊——水库，其中龙羊峡水库、刘家峡水库、三门峡水库和小浪底水库正常蓄水位以下的库容分别为 247 亿 m^3、57 亿 m^3、96 亿 m^3 和 126.2 亿 m^3，在库容上特别是在调节能力上大大超过了天然湖泊的作用。还有规划施工中的黑山峡、龙门和碛石水库，都有巨大的库容，它们将和天然湖泊一道，组成全流域水量调节的庞大体系。

2.4　气　候　条　件

黄河流域东临海岸，西居内陆高原，东西高差显著，流域内各区气候的差异极为明显。从季风角度看，兰州以上地区属西藏高原季风区，其余地区为温带和副热带季风区。流域东南部基本属湿润气候，中部属半干旱气候，西北部属干旱气候。本流域冬季受蒙古高压控制，盛行偏北风，气候干燥严寒，降水稀少，夏季西太平洋副热带高压增强，温暖的海洋气团进入流域境内，蒙古高压渐往北移，冷暖气团相遇，多集中降水。

1. 气温

黄河流域处于中纬度地带，因此较我国高纬度的东北和西部高原地区要温暖。但是，由于流域幅员辽阔，地形复杂，上下游海拔高差显著，所以气温变化的幅度比较大。例如，中游洛阳站最高气温曾达 44.2℃（1966 年 6 月 20 日），而上游黄河沿站有过 −53℃（1978 年 1 月 2 日）的低温。

流域内气温总的变化是自东南向西北递减，自平原向高山递减，局部地形对气温的影响也十分明显。多年平均气温在 1～14℃，上游为 1～8℃，中游为 8～14℃，下游为 12～14℃。月平均气温以 7 月为最高，1 月为最低。气温日较差大部分地区为10～15℃。一年之内，日平均气温不低于 10℃的积温（农作物活跃生长气温）以黄河中下游河谷及平原地区为最大，在 4500℃以上。长城以北为 2500～3000℃，长城以南为 2500～4500℃，最小为河源区，积温近于 0℃。

随着全球变暖，气候变化日趋显著。黄河气温变化与全球总趋势一致，也呈现波动上升趋势（图 2.4）。1961—2015 年流域年平均气温共升高了 0.6℃，变化幅度明显高于同期全球气温变化水平。

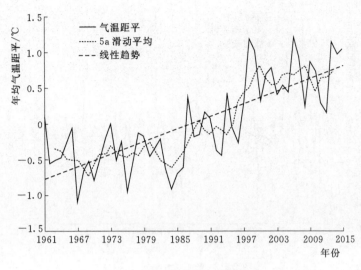

图 2.4　黄河流域气温变化趋势

2. 降水

黄河流域处于中纬度地带，主要属于干旱、半干旱和半湿润性气候，上游大部属干旱区、中部陕甘宁属半干旱区，中下游属半湿润区。由于受到大气环流和季风环流影响的情况，流域内不同地区降水分布差异显著，季节分布不均，规律明显。

流域内季节差异明显、温差较大；自西向东，气温由冷变暖。此外黄河流域蒸发较强，年蒸发量达 1100mm，宁夏和内蒙古地区最大年蒸发量可超过 2500mm[41-43]。

流域多年（1956—1979 年）平均降水量为 476mm，降水分布极度不均匀。其总体特点是山区降水量大于平原，降水量由东南向西北递减（东南和西北相差 4 倍以上）。流域大部分地区的降水量一般可达 200～650mm，中上游南部和下游地区多于 650mm。尤其受地形影响较大的南界秦岭山脉北坡，其降水量一般可达 700～1000mm；而深居内陆的西北部宁夏、内蒙古部分地区，其降水量却不足 150mm，南北相差 5 倍之多，这是我国其他河流所不及的。由于黄河流域大部分地区地处季风气候区，降水受季风的影响十分显著。因此，降水季节变化所呈现的主要特点是冬干春旱，其中 70％的降水集中发生在夏秋（6—9 月）。

由于流域各区降水量的多少不仅与其所在的纬度和离海洋的距离有关，同时也取决于冬夏季风的交替影响和周围地形作用，因此，流域内降水量的时空分布极不均匀，全年连续最大 4 个月降水量大部分地区出现在 6—9 月，渭河中下游平原区和泾河中游地区出现在 7—10 月；连续最大 4 个月的降水量占年降水量的百分率由南部的 60％逐渐向北增大到 80％以上，大部分地区为 70％～80％。

降水变化也是气候变化最重要的标志之一。总体上，黄河流域降水量呈下降趋势（图 2.5）；进入 21 世纪后，黄河流域极端降水增多（图 2.6）。从时间序列上看，

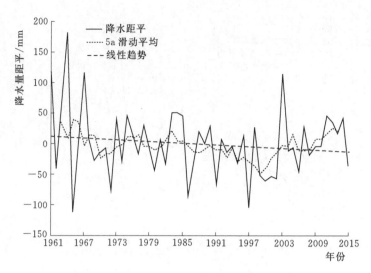

图 2.5　黄河流域降水变化

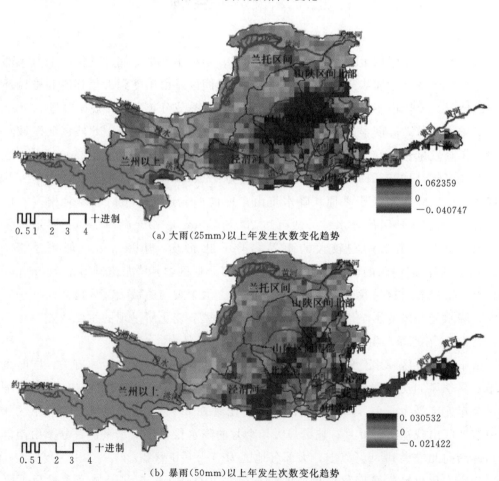

（a）大雨（25mm）以上年发生次数变化趋势

（b）暴雨（50mm）以上年发生次数变化趋势

图 2.6　黄河流域极端降水变化

黄河流域 1980—2000 年平均降水量较 1956—2000 年多年均值明显偏少，减少约 3.36%；尤其是 20 世纪 90 年代以来，黄河中上游 8 年平均降水量比多年平均偏少 5%～15%。从空间上看，表现为同级别降水等值线向东南偏移，等值线所围范围在缩小。在中游，400mm 等降水量线从窟野河下游、无定河中游移至黄河干流东侧及无定河下游，上游 400mm 等降水量线从祖厉河上游南移至渭河上游散渡河、芦苇河一带。

黄河中下游地区受气候变化影响，流域极端降水与局部洪涝灾害频发。黄河中下游地区总降水量呈减少趋势，但是极端降水强度增强，最大日降水量增强了 17%；最大小时降水强度增强 113%；最大小时降水量 60 年一遇变为 45 年一遇，45 年一遇变为 30 年一遇，25 年一遇变为 15 年一遇[44]。受此影响，近年来该地区暴雨洪涝灾害频发，如 2010 年甘肃舟曲发生特大泥石流灾害；2016 年 7 月太原市由于极端降水出现严重内涝；2017 年 7 月陕西北部出现的强降水过程，子洲（218.7mm）、米脂（140.3mm）、横山（111.1mm）3 站日降水量突破历史极值。

3. 蒸发

（1）水面蒸发。风速、气温、湿度、气压、辐射是影响水面蒸发的主要因素，水面蒸发量是反映当地蒸发能力的指标。水面蒸发地区分布大致是：青藏高原和流域内石山林区，气温低，平均年水面蒸发量为 850mm；兰州至河口镇区间包括鄂尔多斯高原内流区，气候干燥，雨量少，平均年水面蒸发量为 1470mm。河口镇至龙门区间变化不大，大部分地区平均年水面蒸发量为 1000～1400mm；龙门至三门峡区间，面积大、气候条件变化大，平均年水面蒸发量为 900～1200mm；三门峡至花园口区间及花园口至河口，平均年水面蒸发量分别为 1060mm、1200mm。祁连山与贺兰山、贺兰山和狼山之间两条沙漠通路处是西北干燥气流入侵黄河流域的主要风口，多年平均水面蒸发量等值线的变化趋势与沙漠推进方向一致，由西北向东南递减，其中乌海市邻近地区及毛乌素沙地平均年水面蒸发量达 1600mm 以上，为流域最高值。

（2）陆地蒸发。陆地蒸发量是水热条件的一个综合指标，它与降水的比值越大，则产流越小，开发利用当地水资源的条件越差。流域内各河段多年平均陆地蒸发量和陆地蒸发量与降水量的比值分别为：兰州以上 337mm、0.68，兰州至河口镇 267.6mm、0.97，河口镇至龙门 403.7mm、0.88，龙门至三门峡 493.1mm、0.87，三门峡至花园口 518.7mm、0.77，花园口至河口 544.9mm、0.81；全流域平均 388.3mm、0.82；内流区 276.8mm、0.97。

2.5　水 资 源 现 状

1. 径流

黄河属太平洋水系，干流多弯曲，支流众多，流域径流主要由大气降水补给。黄河流域 1956—2000 年多年平均河川径流量为 534.8 亿 m³，仅占全国河川径流量的 2%，人均年径流量为 473m³，仅为全国人均年径流量的 23%，水资源短缺问题严重。伴随着降水量的减少，1961—2010 年黄河流域的径流量亦呈减少趋势，线性倾向率约为 −10%/10a，其减少趋势的检验通过了 0.01 的显著性水平，超过了降水量的减少速率。且从上游到下游，河川径流下降幅度越来越大，趋势越来越显著。年际变化上，以 2000—2010 年的平均径流量为最小值，该时段上游的年径流量为 150.8 亿 m³，仅为多年平均的 2/3，中游的区间年径流量为 58 亿 m³，仅为多年平均的 41%。

黄河源头区下垫面人类活动的影响较小，径流的年际和年代际变化主要受降水和冰川融雪的影响，近年由于气温升高，黄河流域上游出现冰川退缩、冻土冻融的现象。例如，1966—2000 年气候变暖导致黄河源区阿尼玛卿山冰川总面积减少了 17%，高山雪线上升了近 30m。这一现象使得近年来黄河流域的冰川融水径流量呈增加趋势，自 1980 年以来的 30 年间增加了 6%~9%。然而，黄河流域冰川补给量占黄河总径流量的比重较小，仅 0.8%~1.3%，因此对近年来黄河河川径流量增加的贡献有限。上游区下段径流受河道取用水影响程度大，随着经济社会的发展，径流呈现出显著的下降趋势。

黄河下游汇水区极小，来水主要受小浪底出库径流调节，同时河道取水量较大，径流下降程度最大。从 2002 年至今，下游最大洪峰流量只有 4200m³/s。气候变化和水利工程的调节都会影响洪水的频次和强度。黄河中下游径流变化影响因素较多，成因十分复杂：①受上游来水减少的影响；②受中游降水减少的影响；③中游修建了大量的梯田、淤地坝等水土保持措施，拦蓄了部分水量；④中游植被覆盖增加，导致蒸散发和蓄水能力增强，径流减少；⑤随着经济社会发展的河道取水增加，径流减少。

黄河流域径流量下降，导致河流断流现象频繁发生。由于黄河是多泥沙河流，本身的生态需水量较大，还担负了本流域和下游引黄灌区约占全国 15% 的耕地面积和 12% 人口的供水任务。流域水资源开发利用程度较高，加之水资源形势发生了新的变化，1972—1997 年的 26 年中，黄河下游 20 年出现断流（表 2.3）。进入 20 世纪 90 年代以来年年断流，断流的时间越来越长，断流河段向上延伸，1995 年断流 120 多天，1996 年断流 130 多天，1997 年断流最为严重，距河口最近的利津水文站，全年断流 226 天，断流河段延伸至开封。之后通过黄河干流水量统一调度，断流现象得到了缓解，但是断流现象还是延续到了黄河河源区。

黄河下游河段频繁断流是黄河水资源供需失衡和管理失控的集中表现。黄河流域水资源的开发利用已经超过了其承载能力，断流在造成局部地区生活、生产供水困难的同时，使输沙用水得不到保证，主河槽淤积严重，排洪能力下降，增加了洪水威胁和防洪的难度。断流还造成生态环境恶化，使河口地区的生物多样性受到威胁。

表 2.3　　　　　　　　　　　　　黄河下游断流情况

年 份	1972	1974	1975	1976	1978	1979	1980	1981	1982	1983
开始时间	4月23日	5月14日	5月31日	5月18日	6月3日	5月27日	5月14日	5月17日	6月8日	6月26日
断流日数/d	19	20	13	8	5	21	8	36	10	5
断流长度/km	310	316	278	166	104	278	104	662	278	104
年 份	1987	1988	1989	1991	1992	1993	1994	1995	1996	1997
开始时间	10月1日	6月27日	4月4日	5月15日	3月16日	2月13日	4月3日	3月4日	2月14日	2月7日
断流日数/d	17	5	24	16	83	60	74	122	136	226
断流长度/km	216	150	277	131	303	278	308	683	579	700

2. 水沙关系

黄河的主要特点是水少沙多，淤积严重。在 20 世纪 50 年代，黄河进入下游河道的来水量和来沙量分别为 492 亿 m³ 和 18.07 亿 t（小浪底、黑石关、小董 3 个水文站相加）。大量泥沙进入平原，造成了河道严重的淤积，河床日益抬高，成为华北地区社会和经济发展的严重威胁。近十年来，进入黄河下游的沙量明显减少，尤其是 80 年代，年平均来沙量仅 8.28 亿 t，不足 50 年代来沙量的一半。来水量年平均为 404 亿 m³，较 50 年代约少 18%。水量减少较少而沙量减少甚多，从而对黄河下游逐年淤积抬高的格局发生了很大的变化。在 50 年代从 1950 年 7 月至 1960 年 6 月的 10 年中，黄河下游平均每年淤积 4.04 亿 t，而 80 年代从 1980 年 7 月至 1989 年 6 月的 10 年间，黄河下游平均年淤积量只有 0.34 亿 t，接近冲淤平衡的状态。由此可见，近年来黄河的来水来沙产生了巨大的变化，改变了下游河道持续堆积抬高的形势，影响到对黄河今后的河床演变的趋向的预计，因而也就要影响治理黄河的规划设计工作。黄河水沙关系主要体现在以下两个方面：

（1）水少沙多。黄河多年实测平均径流量 470 亿 m³，天然径流量 580 亿 m³，沙量 16 亿 t，水流含沙量 35kg/m³。而长江天然径流量高达 9600 亿 m³，沙量仅 5.3 亿 t。黄河水量仅为长江的 1/17，在全国的大江河中排第四位，而泥沙量为长江的 3 倍。

（2）水沙关系不协调。一是时间分布不均匀。黄河是降水补给型河流，降水的年际、年内变化决定了河川径流量时间分配不均。黄河干流各站年最大径流量一般为年最小径流量的 3.1～3.5 倍，支流一般达 5～12 倍；径流年内分配集中，干流及主要支流汛期 7—10 月径流量占全年的 60% 以上，沙量占全年的 90%。沙量年际变幅也很大，三门峡站最大年输沙量 39.1 亿 t，是最小年输沙量 3.75 亿 t 的 10.4 倍。

二是空间分布不均匀。黄河河川径流大部分来自兰州以上地区，年径流量占全河的 56%，泥沙量占全河的 9%，而流域面积仅占全河的 29.6%；黄河泥沙则主要来自河口镇—三门峡区间，该区间的面积占全河的 40.2%，年径流量占全河的 32%，而来沙量则占全河的 91%。因此水和沙来源不同，通常将其概括为"水沙异源"。

2.6　主要自然灾害

黄河流域危害最大、影响范围最广的自然灾害主要是旱灾、水灾、风灾和水土流失。严重的水、旱灾害不仅给流域内的人民带来深重灾难，阻碍国民经济的发展，而且在历史上常是导致社会动乱的重要原因。

1. 旱灾

黄河流域旱灾不仅发生的几率大，而且范围广、历时长、危害大，历史上连旱的情况屡见不鲜。根据气象部门对 1950—1974 年灾害性气候的分析，在这 25 年中，黄河上中游黄土高原地区发生干旱 17 次，平均 1.5 年 1 次，其中严重干旱有 9 年，平均2.5 年 1 次。1965 年陕北、晋西北大旱，山西省受灾面积达 173.3 万 hm²，陕北榆林地区近 76 万 hm² 耕地几乎没有收成。新中国成立以来，流域内大兴水利，情况有所改善，但干旱问题还没有很好的解决，甘肃会宁、宁夏山区、陕北、晋西北、晋中等地区仍受到干旱缺水的严重威胁。

2. 水灾

新中国成立以前黄河流域经常发生决口，并多次改道。黄河下游洪水决溢泛滥的地区，洪水过后，沙岗起伏、河道淤塞、排灌系统严重破坏、平原洪涝灾害加剧、生态环境恶化，造成长期不利的影响。

新中国成立以来，兴修了一系列的防洪工程，扭转了过去频繁决口的严重局面，但防洪问题尚未得到妥善解决。黄河的防洪问题，与其说是洪水造成的，不如说是泥沙淤积、河床抬升所造成的。以三门峡以上的洪水为例，据分析，有 50 亿 m³ 左右的水库库容即可，而泥沙则带来更深远的影响，它使下游河道不断淤积抬高，并淤塞干支流水库。因此，为了解决黄河的洪水灾害问题，防洪和减淤必须并重。此外，黄河下游山东河段以及上游宁蒙河段有相当严重的冰凌灾害，过去常发生决口漫溢，三门峡水库和刘家峡水库投入运用后对控制上述地区的凌汛洪害起到了重要作用，特别是小浪底水库的完工，使下游防洪标准由现在的 60 年一遇提高到近 1000 年一遇，可不使用北金堤滞洪区，有效保证了下游的安全。

3. 风灾

黄河流域有严重风沙灾害，主要发生在长城沿线一带，其中毛乌素和库布齐两大沙漠流域面积为 6.5 万 hm²，受风沙危害范围约 20 万 hm²。沙漠自西北向东南侵移，平均每年前进 3m 左右，吞蚀土地，埋压农田，破坏牧场，阻塞交通，威胁村镇。黄河干流流经风沙区长约 1000km 的河段内，有 18 处有流沙直接吹入黄河。近年来积极开展治沙，部分地区的风沙危害程度已较前有所减轻。

4. 水土流失

黄河流域水土流失十分严重，64 万 km² 的黄土高原水土流失面积就达到 43 万 hm²，平均每平方千米水土流失面积上的土壤侵蚀量高达 3700t，多年平均侵蚀模数大于 5000t/hm² 的地区达 15.6 万 hm²，其中河口镇至龙门区间 11 万 hm²，大部分为年侵蚀模数 10000t/hm² 以上的剧烈侵蚀区。

黄河中游流经黄土高原，沟壑纵横，梁峁起伏。高原植被稀少，土质疏松、土壤裸露，又地处季风气候区，年降水分布不均且变动较大，多以暴雨出现，雨水夹带高原上的大量泥沙汇入千沟万壑，而后汇入黄河。据丘陵沟壑区观测 25°左右的坡耕地，年每公顷流失土壤 120~150t。黄河的高含沙量，也造成了土地瘠薄，肥力减退，破坏农业生产的基础。水土流失造成沟壑纵横，土壤肥力减退，生态环境破坏，人民生活长期处于贫困境地，陷入"越穷越耕，越耕越穷"的恶性循环。水土流失的泥沙，同时也造成水库与河道淤积严重，加大了防洪和水资源开发利用的困难。

为了控制严重的土壤侵蚀和减少入黄泥沙，大规模水土保持综合治理工程开始实施，通过植被恢复达到长期有效遏制水土流失。在气候变化和人类活动的双重影响下，黄土高原地区的植被覆盖在 1980 年以来的年际间波动可以划分为 3 个阶段：20 世纪 80 年代黄土高原地区降水相对丰沛，植被覆盖呈现明显的上升趋势。进入 90 年代后，随着气候干旱化趋势发展，植被覆盖不再上升而表现为小幅的波动。自 2000 年以来，随着降水量的恢复和国家退耕还林还草工程的大规模实施，生态环境得到改善，植被覆盖呈现出显著提高的趋势。同时，由于在黄河流域大量兴建水利工程，拦蓄水量的同时泥沙淤积，黄河流域含沙量显著减小。

2.7 本 章 小 结

本章通过详细梳理黄河流域的自然概况、地形地貌、流域水系以及气候条件，系统分析了黄河流域的径流和水沙关系等水资源现状，并在此基础上总结了黄河流域典型自然灾害。

（1）黄河干流全长 5464km，流域面积 80 万 km²，干流河道以河口镇和桃花峪为上中下游分界点。空间上呈西高东低，全程落差 4480m。黄河干流弯曲多变，支流众多，尤其是在河段的上、中游部分。

（2）黄河流域内各区气候的差异极为明显。从季风角度看，兰州以上地区属西藏高原季风区，其余地区为温带和副热带季风区。流域东南部基本属湿润气候，中部属半干旱气候，西北部属干旱气候。

（3）黄河流域多年平均年降水量为 476mm，流域径流主要由大气降水补给，近些年来多年平均天然年径流量 535 亿 m^3，并且河川径流时空分布不均，季节性变化较大。黄河源头区下垫面人类活动的较少，径流的年际和年代际变化主要受降水和冰川融雪的影响，近年来由于气温升高，流域上游出现冰川退缩、冻土冻融的现象；黄河下游汇水区极小，来水主要受小浪底出库径流调节，同时河道取水量较大，径流下降程度较大。

（4）黄河最典型自然灾害主要是旱灾、水灾、风灾和水土流失。黄河流域旱灾不仅发生的概率大，而且范围广、历时长、危害大；黄河的水灾害举世闻名，尤其是下游洪水过后，河道淤塞、排灌系统严重破坏、平原洪涝灾害加剧、生态环境恶化；黄河流域的风沙灾害主要发生在长城沿线一带，干流约 1000km 的河段流经黄河风沙区，近年来积极开展治沙，部分地区的风沙危害程度较前已有所减轻；黄河流域水土流失十分严重，平均每 km^2 水土流失面积上的土壤侵蚀量高达 3700t，水土流失的泥沙同时也造成水库与河道淤积严重，加大了防洪和水资源开发利用的困难。

第 3 章 黄河流域气候要素时空分布特征

黄河流域气候变化日趋显著，气候要素受多种因素的综合影响，具有趋势性、周期性、突变性以及"多时间尺度"结构等特征，具有多层次演变规律，主要体现在降水、气温和蒸发三个方面。气候变化对流域自然环境、生态环境、社会经济等产生了一定影响，掌握黄河流域降水、气温、蒸发等气候要素的时空变化规律，可为探究气候变化对黄河水资源影响奠定基础。本章依据中国气象网 1961—2018 年（58 年）的降水、气温和蒸发皿蒸发观测资料，采用 M-K 检验、小波分析和 Kriging 插值等方法，研究黄河流域气候要素时空分布特征。

3.1 研 究 方 法

3.1.1 M-K 检验法

在时间序列趋势分析中，Mann-Kendall 检验法（简称 M-K 检验法，包括 M-K 趋势检验和 M-K 突变检验）是世界气象组织推荐并已广泛使用的非参数检验方法，最初由 Mann 和 Kendall 提出，许多学者不断应用 M-K 检验法来分析降水、径流、气温和水质等要素时间序列的趋势变化。

M-K 是一种非参数秩次相关检验方法。M-K 检验法不需要样本遵从正态分布，也少受异常值的干扰，适用于水文、气象等非正态分布的数据，计算简便。M-K 检验法如下：假设时间序列数据 $(x_1, x_2, \cdots, x_n)$ 是独立的、随机变量同分布的样本；对于所有值 $(x_i, x_j, i, j \leqslant n$ 且 $j > i)$，x_i，x_j 的分布是不同的。当 $n > 1$ 时，趋势检验的统计变量 S 计算如下：

$$S = \sum_{i=1}^{n-1} \sum_{j=i+1}^{n} \mathrm{Sgn}(x_j - x_i) \tag{3.1}$$

$$\mathrm{Sgn}(x_j - x_i) = \begin{cases} +1, & x_j - x_i > 0 \\ 0, & x_j - x_i = 0 \\ -1, & x_j - x_i < 0 \end{cases} \tag{3.2}$$

其中，S 为均值为 0 的正态分布，方差 $\mathrm{var}(S) = [n(n-1)(2n+5)]/18$。当 $n > 10$ 时，标准正态统计变量 Z 通过式（3.3）计算：

$$Z = \begin{cases} \dfrac{S-1}{\sqrt{\mathrm{var}(S)}}, & S>0 \\[2mm] 0, & S=0 \\[2mm] \dfrac{S+1}{\sqrt{\mathrm{var}(S)}}, & S<0 \end{cases} \tag{3.3}$$

$Z_{1-\alpha/2}$ 为标准正态分布的 $1-\alpha/2$ 分位数。采用双边趋势检验，给定显著性水平 α，若 $|Z| \geqslant Z_{1-\alpha/2}$，则拒绝原假设，即认为在 α 显著水平下，时间序列有显著变化趋势；若 $|Z| < Z_{1-\alpha/2}$，则接受原假设，认为趋势不显著。统计变量 $Z>0$ 时，表示呈上升趋势；$Z<0$ 时，则呈下降趋势。Z 的绝对值在大于等于 1.28、1.64 和 0.232 时，分别表示通过了信度 90%、95% 和 99% 的显著性检验。

将 M - K 检验法应用于序列突变检验时，检验统计量与趋势统计检验 Z 有所不同，时间序列为 $t_1, t_2, \cdots, t_n$，构造一秩序列 r_i。定义 S_k：

$$S_k = \sum_{i=1}^{k} r_i, \quad k=2,3\cdots \tag{3.4}$$

$$r_i = \begin{cases} +1, & t_i > t_j, j=1,2\cdots \\ 0, & t_i \leqslant t_j, 1 \leqslant j \leqslant i \end{cases} \tag{3.5}$$

S_k 的均值 $E(S_k)$ 以及方差 $\mathrm{var}(S_k)$ 定义如下：

$$E(S_k) = \frac{n(n+1)}{4} \tag{3.6}$$

$$\mathrm{var}(S_k) = \frac{n(n-1)(2n+5)}{72} \tag{3.7}$$

在时间序列随机独立假定下，定义统计量：

$$\mathrm{UF}_k = \frac{S_k - E(S_k)}{\sqrt{\mathrm{var}(S_k)}}, \quad k=1,2\cdots \tag{3.8}$$

其中 $\mathrm{UF}_1 = 0$。UF_k 为标准正态分布，对于已给定的显著性水平 α，当 $|\mathrm{UF}_k| > U_\alpha$ 时，表明序列存在一个明显的增长或减少趋势，所有 UF_k 将组成一条曲线 c_1。把此方法引用到反序列中，再重复上述计算过程，并使计算值乘以 -1 得到 UB_k，UB_k 在图中表示为曲线 c_2。分别绘出 UF_k 和 UB_k 的曲线图，若 UF_k 的值大于 0，则表明序列呈上升趋势，小于 0 则表明呈下降趋势；当它们超过信度线时，即表示存在明显的上升或下降趋势；若 c_1 和 c_2 的交点位于信度线之间，则此点可能就是突变点的开始。

3.1.2　小波分析法

小波分析法（wavelet analysis）是由法国工程师 Morlet 于 1980 年在分析地震资

料时提出的一种时-频多分辨功能的分析法。在随后的 20 年里，小波分析法成为国际研究热点。目前小波分析法在信号处理、图像压缩、语音编码、模式识别、地震勘探、大气科学以及许多非线性科学领域内取得了大量的研究成果。随着小波理论的形成和发展，其优势逐渐引起许多水科学工作者的重视并被引入水文水资源学科中。从 1993 年小波分析法被首次应用到水文研究中以来，在水科学领域已取得了一定研究成果，主要表现在水文多时间尺度分析、水文时间序列变化特性分析、水文预测预报和随机模拟方面。

小波分析法能清晰地揭示出隐藏在时间序列中的多种变化周期，充分反映系统在不同时间尺度中的变化趋势，并能对系统未来发展趋势进行定性估计。小波分析法是用一簇小波函数来近似表示某一信号特征。因此小波函数是小波分析法的关键，它是具有震荡性、能够迅速衰减到 0 的一类函数。小波函数 $\psi(t) \in L^2(R)$ 且满足：

$$\int_{-\infty}^{+\infty} \psi(t) \mathrm{d}t = 0 \tag{3.9}$$

式中：$\psi(t)$ 为基小波函数，可通过时间轴上的平移和尺度的伸缩构成一簇函数系，见式 (3.10)。

$$\psi_{a,b}(t) = |a|^{-\frac{1}{2}} \psi\left(\frac{t-b}{a}\right), \quad a,b \in R, a \neq 0 \tag{3.10}$$

式中：$\psi_{a,b}(t)$ 为子小波；a 为反映小波的周期长度的尺度因子；b 为反映时间上平移的平移因子。

选择合适的基小波函数是进行小波分析的前提，在研究中应针对具体情况选择所需的基小波函数。同一时间序列或信号，由于选择的基小波函数不同，得到的结果会有所差异。目前，选择研究所需的基小波函数是通过对比不同小波分析处理的结果误差来判定的。本书选用 Morlet 小波作为母小波进行变换时，Morlet 小波函数形式为

$$\psi(t) = \pi^{-1/4} \mathrm{e}^{-\mathrm{i}w_0 t} \mathrm{e}^{-t^2/2} \tag{3.11}$$

式中：w_0 为常数（一般 $w_0 \geqslant 5$）；i 为虚部。

对于任意函数 $f(x)$，小波变换定义如下：

$$W_f(a,b) = \int_{-\infty}^{+\infty} f(x) \overline{\psi(a,b)}(x) \mathrm{d}x = |a|^{-\frac{1}{2}} \int_{-\infty}^{+\infty} f(x) \overline{\psi}\left(\frac{x-b}{a}\right) \mathrm{d}x \tag{3.12}$$

式中：$W_f(a,b)$ 为小波系数，其离散变换见式 (3.13)；$\psi(x)$ 与 $\overline{\psi}(x)$ 互为复共轭函数。

$$W_f(a,b) = |a|^{-\frac{1}{2}} \Delta t \sum_{k=1}^{n} f(k\Delta t) \overline{\psi}\left(\frac{k\Delta t - b}{a}\right) \tag{3.13}$$

式中：$f(k\Delta t)$ 可通过三维脉冲响应的滤波器输出，其值可同时反映时域参数 b 和频域参数 a 的特性。

将参数 b 作为横坐标、a 作为纵坐标画关于 $W_f(a,b)$ 的二维等值线图，等值线图能反映水文气象序列变化的小波变化特征。图中实部表示不同特征时间尺度信号在不同时间上的分布信息，模的大小则表示特征时间尺度信号的强弱。

将小波系数的平方值在 b 域上积分可得小波方差，即

$$\mathrm{var}(a) = \int_{-\infty}^{\infty} |W_t(a,b)|^2 \mathrm{d}b \tag{3.14}$$

小波方差值随尺度 a 的变化过程，称为小波方差图。由式（3.14）可知，小波方差图能反映信号波动能量随尺度 a 的分布情况。故小波方差图可用来确定信号中不同种尺度扰动的相对强度和存在的主要时间尺度。

3.1.3　Kriging 插值法

Kriging 插值法源自地质统计学，是由南非金矿工程师丹尼·克里格（Danie G. Krige）和法国统计学家乔治斯·马瑟伦（Georges Matheron）创立的地质统计学的最佳内插方法，是对已知样本加权平均以估计平面上的未知点，并使得估计值与真实值的数学期望相同且方差最小的地质统计学过程。它以建立变量的协方差（变异）函数为前提，根据变量的空间自相关性对待估点进行插值。对于具有时空分布特性的变量，它不仅具有空间相关性，在时间分布上也同样具有相关性。如果只采用空间相关性及空间邻近点进行插值估计，而忽略变量在时间分布上的有效信息，将不利于插值精度的提高。

将 Kriging 法应用于时空变量的插值研究中，一方面，需要将 Kriging 法进行时空扩展，另一方面，应该首先建立有效的时空协方差（变异）函数模型。目前，关于时空协方差函数模型的研究主要可分为两大类：可分离型和不可分离型。前者主要通过将空间协方差函数与时间协方差函数相加或相乘得到，构建简易，但分割了时空间的相关信息，主要应用于早期的时空变量插值中；而后者虽然构建相对复杂，但更有效地描述了变量的时空变异结构，因此，不可分离型模型越来越频繁地应用于时空统计研究中。

Kriging 插值方法已被证明是适合黄河流域空间数据插值的有效方法[41]。本章选用 Kriging 插值方法以获取流域各分区降水、气温和蒸发的空间分布情况。原理见式（3.15）。

$$\left.\begin{array}{l} \hat{Z}(X_0) = \sum_{i=1}^{n} \lambda_i Z_i(X_i) \\[2mm] \sum_{i=1}^{n} \lambda_i = 1 \end{array}\right\} \tag{3.15}$$

式中：$Z_i(X_i)$ 为已知第 i 个站点的观测值；λ_i 是第 i 个站点的权重；$\hat{Z}(X_0)$ 是待估站点的预测值；λ_i 权重的选择应使 $\hat{Z}(X_0)$ 是无偏估计。

3.2 数 据 来 源

降水和气温数据来源于中国气象网提供的黄河流域 1961—2018 年 1029 个气象站逐月降水和气温资料，精度为 $0.5° \times 0.5°$；黄河流域气象站空间分布见图 3.1。

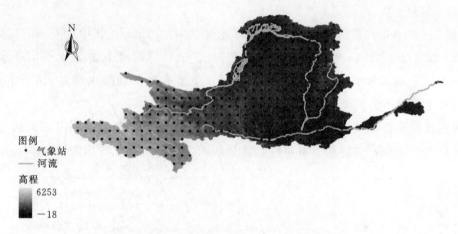

图 3.1 黄河流域气象站空间分布

蒸发量数据来源于中国气象网提供的黄河流域内 1961—2017 年 45 个蒸发站基于大型蒸发皿的实测资料；由于部分站点大型蒸发皿蒸发量存在缺测值，通过大型蒸发与小型蒸发的比值（$K = E_b / E_s$，E_b 为大型蒸发量，E_s 为小型蒸发量）进行插补，查阅参考文献得，黄河流域 $K = 0.60$。蒸发站空间分布如图 3.2 所示。

图 3.2 黄河流域蒸发站空间分布

3.3 降水时空分布特征

3.3.1 时间变化规律

黄河流域内雨量站分布均匀且较密集，因此采用算术平均法计算流域面平均雨量。将黄河流域划分为上游、中游和下游，分区域分析上游、中游、下游降水随时间变化规律。

3.3.1.1 趋势分析

1961—2018 年，黄河流域多年平均降水量为 470.1mm；其中 1965 年降水量最少，为 348.5mm，1964 年降水量最大，为 642.5mm。黄河上游多年平均降水量为 412.5mm；中游多年平均降水量为 544.4mm；下游多年平均降水量为 637.8mm，年降水量从上游至下游逐渐增加。

根据线性拟合结果（图 3.3），在 1961—2018 年整个长时间序列上，黄河上游年降水量呈上升趋势，中游和下游年降水量呈现减少趋势，且三者均未通过 M-K 趋势

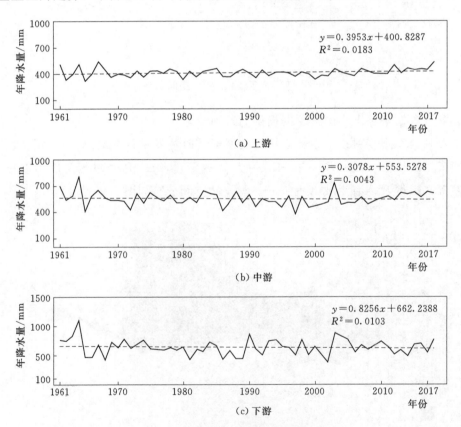

图 3.3 黄河流域年降水量趋势分析

分析的 0.05 显著性检验，表明降水变化并不显著。其中，黄河上游年降水量以 4.0mm/10a 的速度上升；中游和下游年降水量分别以 3.1mm/10a 和 8.3mm/10a 的速度减少，下游年降水量减少趋势最明显。

3.3.1.2 突变分析

根据 M-K 突变检验结果（图 3.4），黄河上游地区年降水量于 2015 年发生突变，在突变发生之前 2000—2010 年降水量呈不显著下降趋势，2010 年后开始逐年上升，进一步说明 2010 年以后黄河上游地区呈现湿化趋势。黄河中游地区年降水量于 2016 年发生突变，在突变发生之前 2000—2010 年降水量呈显著下降趋势，2010 年后年降

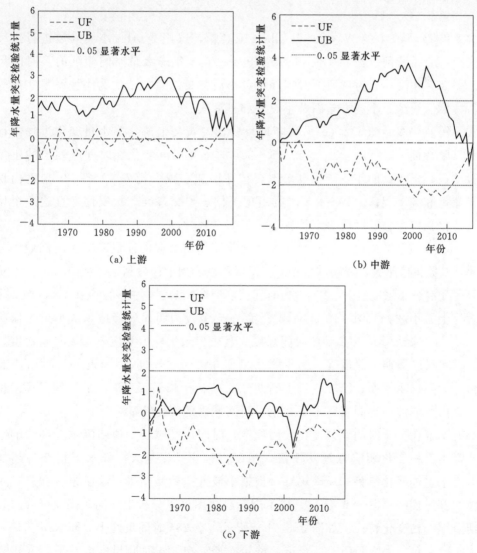

图 3.4 黄河流域年降水量突变分析

UF、UB—正态分布曲线

水量下降趋势有所减缓，但仍呈下降趋势。黄河下游地区年降水量于 1961 年、1964 年发生突变，1961 年突变使年降水量由不显著下降趋势转为不显著上升趋势，1964 年突变使年降水量由不显著上升趋势转为不显著下降趋势；且在 1980—1992 年间，年降水量下降趋势显著。

3.3.1.3 周期性分析

年降水量时间序列的多时间尺度是指：年降水量在演化过程中，并不存在真正意义上的变化周期，而是其变化周期随着研究尺度的不同而发生相应的变化，这种变化一般表现为小时间尺度的变化周期往往嵌套在大尺度的变化周期之中，即在时间域中年降水量存在多层次的时间尺度结构和局部变化特征。

1. 黄河上游

本章借助 Matlab 的 Wavelet Toolbox 工具箱，选用 Morlet 小波函数进行连续复小波变换，分析黄河上游、中游和下游 1961—2018 年降水量时间序列的多时间尺度特征。图 3.5 和图 3.6 为黄河上游年降水量小波分析结果，依次为小波系数实部等值线图、模等值线图、小波方差图及小波实部过程线。

实部等值线图 [图 3.5（a）] 清晰地反映出，黄河上游年降水量变化过程中存在多时间尺度特征：3～9a、10～17a、18～32a 的三类尺度变化在时间序列上的正负相位交替出现，降水量的年际变化也出现交替性增加和减少趋势。18～32a 尺度出现了枯—丰交替准 2 次震荡，10～17a 尺度出现了枯—丰交替准 5 次震荡，且这两个尺度的周期变化在整个分析时段表现较稳定，具有全域性。

Morlet 小波系数模值是不同时间尺度变化周期所对应的能量密度在时间域中分布的反映，系数模值越大，表明其所对应时段或尺度的周期性就越强。从图 3.5（b）可以看出，在降水量演化过程中，18～32a 时间尺度周期性最强，主要发生在 2010 年以后。

黄河上游小波方差图 [图 3.6（a）] 存在 5 个较为明显的峰值，从小至大依次对应着 4a、7a、13a、22a 和 28a 的时间尺度。其中，最大峰值对应着 28a 时间尺度，说明 28a 时间尺度周期震荡最强，为年降水量变化第一主周期；22a 时间尺度对应着第二峰值，为第二主周期；第三～五主周期分别对应着 13a、7a 和 4a 的时间尺度。说明上述 5 个周期的波动控制着降水量在整个时间域内的变化特征。

小波实部在整个时间序列变化较为稳定，时间尺度越小，说明降水受到影响因素越多，降水丰枯变化相应也越发频繁；相反，时间尺度越大，降水丰枯交替越加迟缓，对降水整体变化趋势的反映更好。根据小波方差检验结果，绘制第一和第二主周期小波实部过程线 [图 3.6（b）]。从主周期趋势图可以分析出不同时间尺度降水量平均周期及丰—枯变化特征。如图 3.6（b）所示，在 28a 时间尺度上，降水量变化平均周期为 19a 左右，大约经历了 3 个丰—枯转换期；在 22a 时间尺度上，平均变化周期为 14a 左右，大约经历了 4 个周期的丰—枯变化。

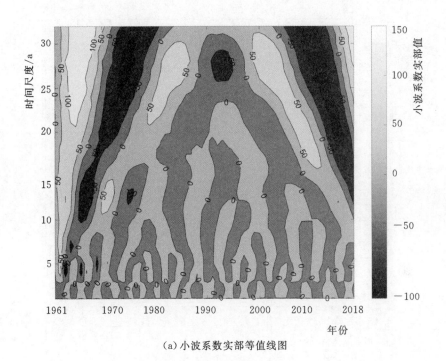

（a）小波系数实部等值线图

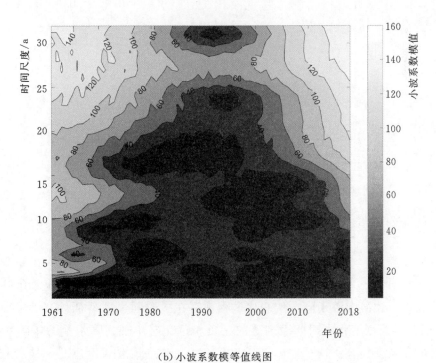

（b）小波系数模等值线图

图 3.5 黄河上游年降水量小波分析

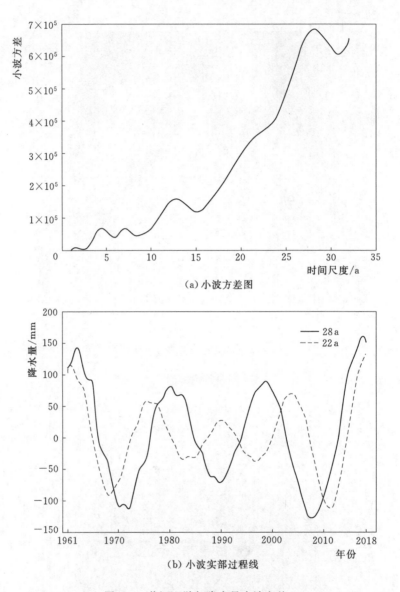

（a）小波方差图

（b）小波实部过程线

图 3.6　黄河上游年降水量小波方差

2. 黄河中游

　　图 3.7 和图 3.8 为黄河中游年降水量小波分析结果。实部等值线图［图 3.7（a）］清晰地反映出，黄河中游年降水量变化过程中存在多时间尺度特征：3~8a、9~17a、18~32a 的三类尺度变化在时间序列上的正负相位交替出现，降水量的年际变化出现交替性增加和减少趋势。18~32a 尺度出现了枯—丰交替准 3 次震荡，10~17a 尺度出现了枯—丰交替准 6 次震荡，且这两个尺度的周期变化在整个分析时段表现稳定，具有全域性。从图 3.7（b）看出，18~32a 时间尺度周期性最强，主要发生在 1960—

1970 年和 2010 年以后。

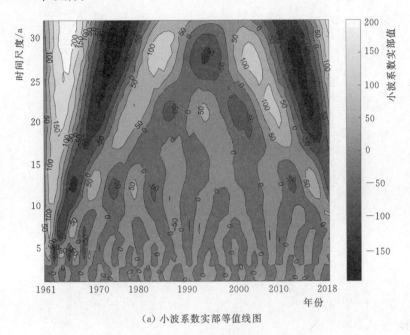

（a）小波系数实部等值线图

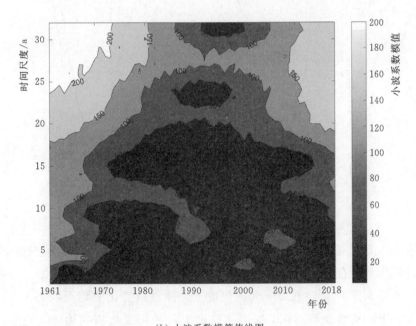

（b）小波系数模等值线图

图 3.7 黄河中游年降水量小波分析

黄河中游小波方差图［图 3.8（a）］存在 5 个较为明显的峰值，时间尺度依次为 4a、7a、13a、22a 和 28a。其中，最大峰值对应着 28a 时间尺度，说明 28a 时间尺度周期震荡最强，为年降水量变化第一主周期；22a 时间尺度对应着第二峰值，为第二

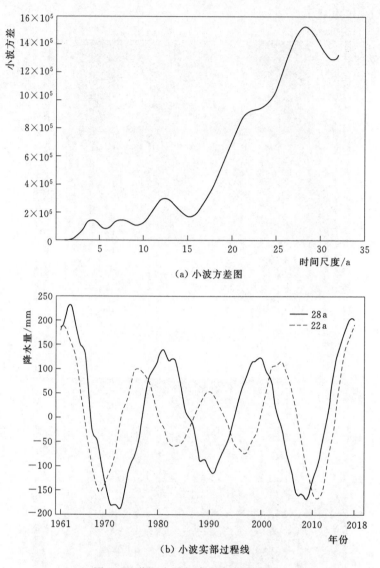

(a) 小波方差图

(b) 小波实部过程线

图 3.8　黄河中游年降水量小波方差

主周期；第三～五主周期分别对应着 13a、7a 和 4a 的时间尺度。说明上述 5 个周期的波动控制着年降水量在整个时间域内的变化特征。依据绘制的第一和第二主周期小波实部过程线 [图 3.8（b）]，在 28a 时间尺度上，降水量变化平均周期为 19a 左右，大约经历了 3 个丰—枯转换期；在 22a 时间尺度上，平均变化周期为 14a 左右，大约经历了 4 个周期的丰—枯变化。

3. 黄河下游

图 3.9 和图 3.10 为黄河下游年降水量小波分析结果。实部等值线图 [图 3.9（a）] 清晰地反映出，黄河下游年降水量变化过程中存在多时间尺度特征：3～12a、13～17a、18～32a 的三类尺度变化在时间序列上的正负相位交替出现，降水量

的年际变化出现交替性增加和减少趋势。18～32a 尺度出现了枯—丰交替准 2 次震荡，13～17a 尺度出现了枯—丰交替准 4 次震荡，且这两个尺度的周期变化在整个分析时段表现稳定，具有全域性。从图 3.9（b）看出，18～32a 时间尺度周期性最强，主要发生在 1960—1970 年。

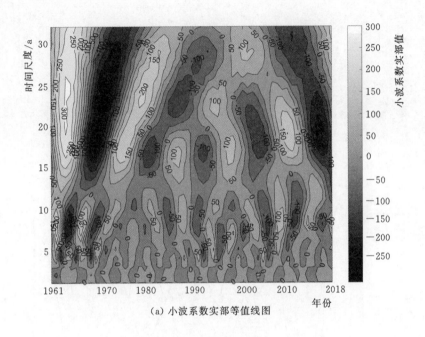

（a）小波系数实部等值线图

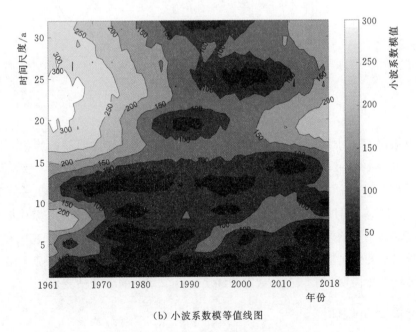

（b）小波系数模等值线图

图 3.9 黄河下游年降水量小波分析

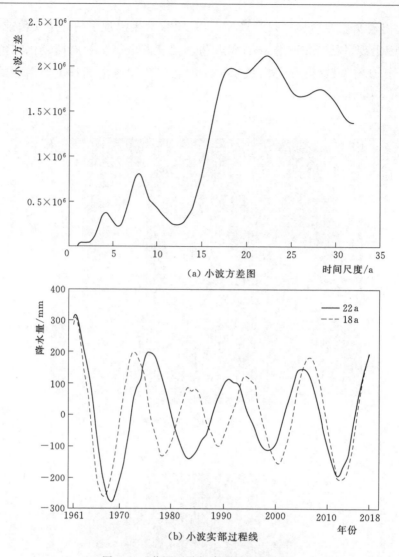

图 3.10　黄河下游年降水量小波方差

黄河下游降水量小波方差图 [图 3.10 (a)] 存在 5 个较为明显的峰值，时间尺度依次为 4a、8a、18a、22a 和 28a。其中，22a 时间尺度周期震荡最强，为年降水量变化第一主周期；18a 时间尺度对应着第二峰值，为第二主周期；第三～五主周期分别对应着 28a、8a 和 4a 时间尺度。即上述 5 个周期的波动控制着年降水量在整个时间域内的变化特征。依据绘制的第一和第二主周期小波实部过程线 [图 3.10 (b)]，在 22a 时间尺度上，降水量变化平均周期为 14a 左右，大约经历了 4 个丰—枯转换期；在 18a 时间尺度上，平均变化周期为 12a 左右，大约经历了 5 个周期的丰—枯变化。

3.3.2　空间变化规律

黄河流域多年平均降水量的地区分布规律既受天气系统制约，又受地形等地理环境间接影响,造成明显的地区性差异[40]。黄河流域年降水量空间分布如图 3.11(a)所示,总体上呈现"南多北少,东多西少"的空间格局。

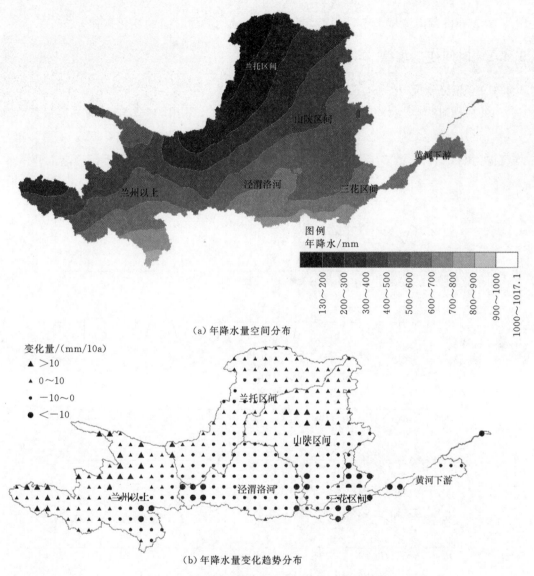

(a)年降水量空间分布

(b)年降水量变化趋势分布

图 3.11 黄河流域年降水量空间分布及变化趋势

从图中可以看出,黄河流域年降水量由东南向西北地区递减,下游地区明显高于中上游地区。在泾渭洛河区间内多年平均降水量最高,可达 1017.1mm;在兰托区间多年平均降雨量最低,仅 130mm。黄河年降水量变化趋势呈"西北向东南递减,由上升趋势转为下降趋势",如图 3.11(b)所示。其中,黄河上游兰州以上地区、中游山陕地区部分站点年降水量增加速度大于 10mm/10a,增速较大;黄河上游东北地区、中游三花区间和黄河下游地区部分站点年降水量下降速度大于 10mm/10a,降速较大。

3.4 气温时空分布特征

本节分析黄河流域上游、中游和下游各区域气温随时间的变化规律。

3.4.1 时间变化规律

3.4.1.1 趋势分析

1961—2018 年，黄河流域多年平均气温为 5.8℃，其中 1967 年平均气温最低，为 4.7℃；2017 年平均气温最高，为 7.0℃。黄河上游多年平均气温为 3.0℃；中游多年平均气温为 9.0℃；下游多年平均气温为 13.6℃。年平均气温从上游至下游逐渐上升。

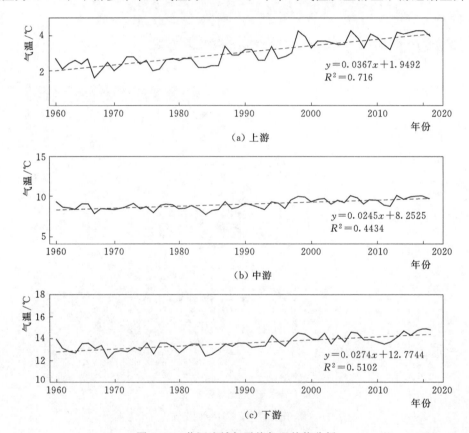

图 3.12 黄河流域年平均气温趋势分析

根据线性拟合结果（图 3.12），在 1961—2018 年整个长时间序列上，黄河上游、中游和下游年平均气温均呈上升趋势，且三者都通过 Mann Kendall 趋势分析 0.05 显著性检验，表明气温上升趋势显著，黄河流域也符合全球气候变暖大趋势。其中，黄河上游年平均气温以 0.4℃/10a 的速度上升，中游和下游年平均气温分别以 0.2℃/10a 和 0.3℃/10a 的速度上升，说明黄河上游地区气温变化最显著。

3.4.1.2　突变分析

根据 M - K 突变检验结果（图3.13），黄河上游地区年平均气温于1996年发生突变，在1996年之后年平均气温呈显著上升趋势；进一步印证了黄河上游地区呈现暖湿化现象，且变暖趋势较变湿趋势发生更早。黄河中游地区年平均气温于2000年发生突变，且2002年后气温上升趋势显著；黄河下游地区年平均气温于1998年发生突

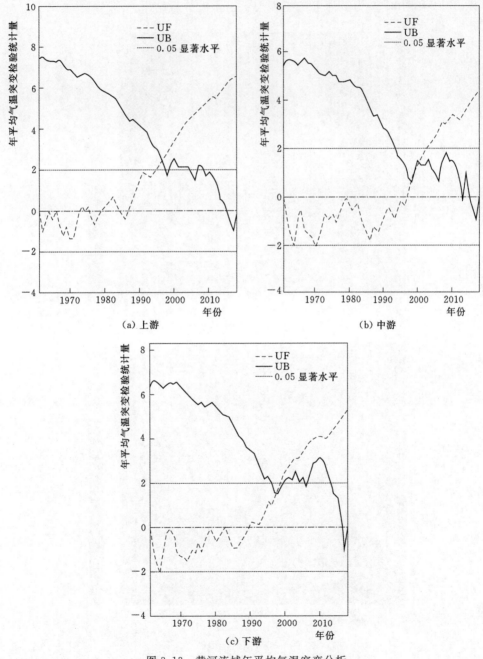

（a）上游　　　　　　　　　　　　　　　　　（b）中游

（c）下游

图 3.13　黄河流域年平均气温突变分析

变，突变使年平均气温由不显著上升趋势转为显著上升趋势。

3.4.1.3　周期性分析

本节分析黄河上游、中游和下游 1961—2018 年平均气温在时间序列上的多时间尺度特征。

1. 黄河上游

图 3.14 和图 3.15 为黄河上游年平均气温小波分析结果。

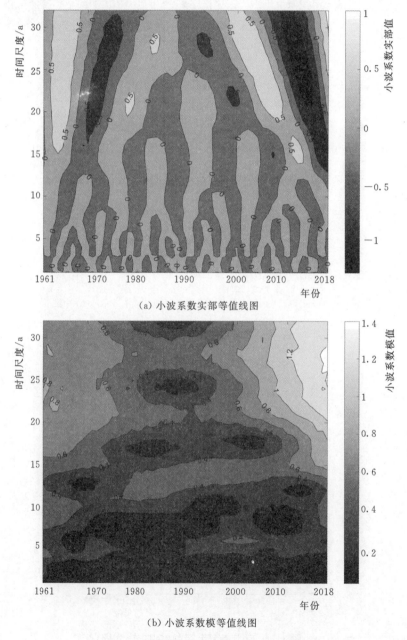

(a) 小波系数实部等值线图

(b) 小波系数模等值线图

图 3.14　黄河上游年平均气温小波分析

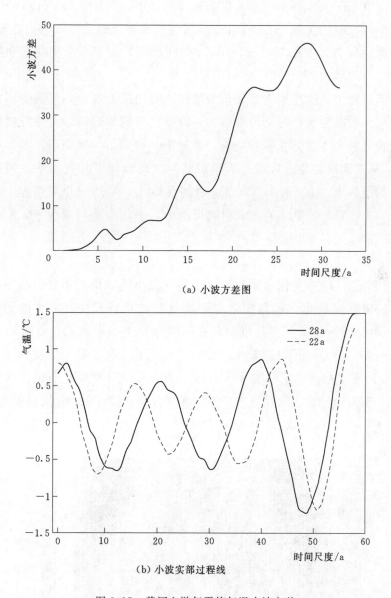

(a) 小波方差图

(b) 小波实部过程线

图 3.15 黄河上游年平均气温小波方差

图 3.14（a）清晰地反映出，黄河上游年平均气温变化过程中存在多时间尺度特征：3~9a、10~17a、18~32a 三类尺度变化在时间序列上的正负相位交替出现，气温年际变化出现交替性上升和下降趋势。18~32a 尺度出现了枯—丰交替准 2 次震荡，10~17a 尺度出现了枯—丰交替准 5 次震荡，且这两个尺度的周期变化在整个分析时段表现较稳定，具有全域性。从图 3.14（b）可以看出，18~32a 时间尺度周期性最强，主要发生在 2010 年以后。

黄河上游年平均气温小波方差图［图 3.15（a）］存在 5 个较为明显的峰值，从小至大依次对应着 6a、11a、15a、22a 和 28a 时间尺度。其中，28a 时间尺度周期震荡最强，为年平均气温变化第一主周期；22a 时间尺度对应着第二峰值，为第二主周期；第三～五主周期分别对应着 15a、11a 和 6a 时间尺度。上述 5 个周期波动控制着年平均气温在整个时间域内变化特征。

小波实部在整个时间序列内变化较为稳定，时间尺度越小，气温受到影响因素越多，变化相应也愈发频繁；时间尺度越大，冷暖交替越加迟缓，对气温整体变化趋势有更好的反映。根据小波方差检验结果，绘制第一和第二主周期小波实部过程线［图 3.15 （b）］。从主周期趋势图可以分析出不同时间尺度年平均气温平均周期及丰—枯变化特征。如图 3.15 （b）所示，在 28a 时间尺度上，平均变化周期为 19a 左右，大约经历了 3 个丰—枯转换期；在 22a 时间尺度上，平均变化周期为 14a 左右，大约经历了 4 个周期的丰—枯变化。

2. 黄河中游

图 3.16 和图 3.17 为黄河中游地区年平均气温小波分析结果。实部等值线图［图 3.16 （a）］清晰地反映出，黄河中游年平均气温变化过程中存在多时间尺度特征：3～9a、10～21a、22～32a 三类尺度变化在时间序列上的正负相位交替出现，气温年际变化出现交替性上升和下降趋势。22～32a 尺度出现了枯—丰交替准 2 次震荡，10～21a 尺度出现了枯—丰交替准 6 次震荡，且这两个尺度周期变化在整个分析时段表现较稳定，具有全域性。从图 3.16 （b）可以看出，22～32a 时间尺度周期性最强，主要发生在 1960—1970 年和 2010 年以后。

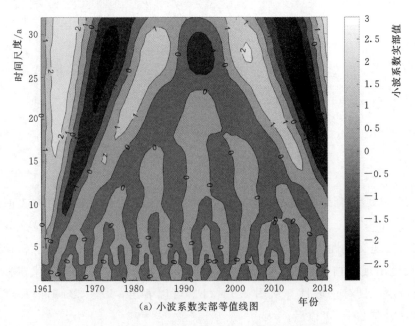

(a) 小波系数实部等值线图

图 3.16 （一）　黄河中游年平均气温小波分析

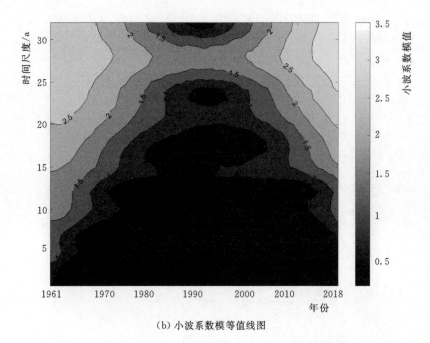

（b）小波系数模等值线图

图 3.16（二） 黄河中游年平均气温小波分析

黄河中游年平均气温小波方差图［图 3.17（a）］存在 5 个较为明显的峰值，从小至大依次对应着 6a、10a、15a、22a 和 28a 时间尺度。其中，28a 时间尺度周期震荡最强，为年平均气温变化第一主周期；22a 时间尺度对应着第二峰值，为第二主

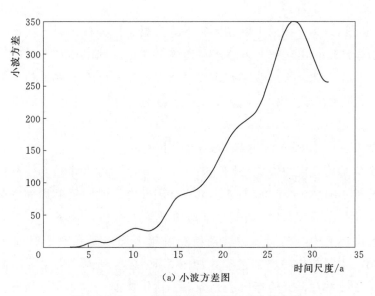

（a）小波方差图

图 3.17（一） 黄河中游年平均气温小波方差

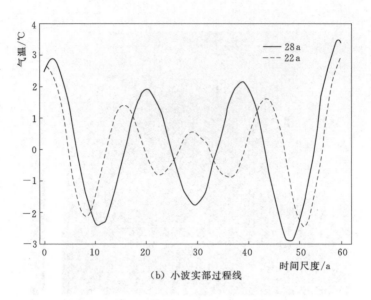

图 3.17（二）　黄河中游年平均气温小波方差

周期；第三～五主周期分别对应着 15a、10a 和 6a 时间尺度。上述 5 个周期波动控制着年平均气温在整个时间域内变化特征。第一和第二主周期小波实部过程线如图 3.17（b）所示，在 28a 时间尺度上，平均变化周期为 19a 左右，大约经历了 3 个丰—枯转换期；在 22a 时间尺度上，平均变化周期为 14a 左右，大约经历了 4 个周期的丰—枯变化。

3. 黄河下游

图 3.18 和图 3.19 为黄河下游地区年平均气温小波分析结果。实部等值线图［图 3.18（a）］清晰地反映出，黄河下游年平均气温变化过程中存在多时间尺度特征，包括 3～9a、10～21a、22～32a 三类尺度变化。22～32a 尺度出现了枯—丰交替准 2 次震荡，10～21a 尺度出现了枯—丰交替准 6 次震荡，且这两个尺度周期变化在整个分析时段表现较稳定，具有全域性。从图 3.18（b）可以看出，22～32a 时间尺度周期性最强，主要发生在 1960—1970 年和 2010 年以后。

黄河下游年平均气温小波方差图［图 3.19（a）］存在 3 个较为明显的峰值，从小至大依次对应着 10a、22a 和 28a 时间尺度。其中，28a 时间尺度周期震荡最强，为年平均气温变化第一主周期；22a 时间尺度对应着第二峰值，为第二主周期；第三周期为 10a 时间尺度。上述 3 个周期的波动控制着年平均气温在整个时间域内的变化特征。第一和第二主周期小波实部过程线如图 3.19（b）所示，在 28a 时间尺度上，平均变化周期为 19a 左右，大约经历了 3 个丰—枯转换期；在 22a 时间尺度上，平均变化周期为 14a 左右，大约经历了 4 个周期的丰—枯变化。

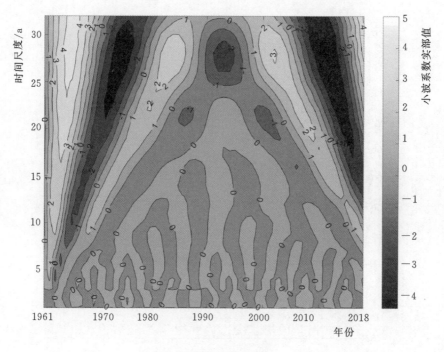

（a）小波系数实部等值线图

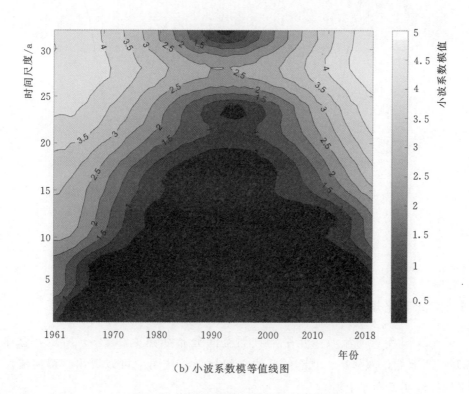

（b）小波系数模等值线图

图 3.18　黄河下游年平均气温小波分析

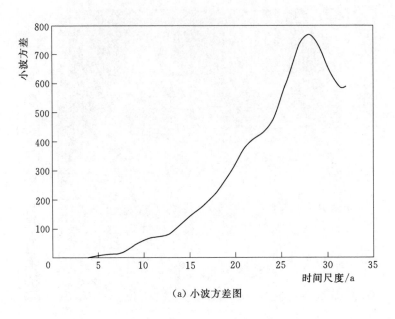

（a）小波方差图

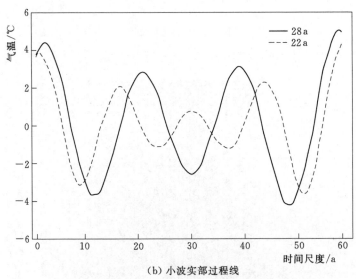

（b）小波实部过程线

图 3.19 黄河下游年平均气温小波方差

3.4.2 空间变化规律

1961—2018 年黄河流域多年平均气温空间分布如图 3.20（a）所示，总体上呈"东部高、西部低，南部高、北部低"的空间格局。从图中可以看出，黄河流域中下游年平均气温明显高于上游。

在三花区间年平均气温最高，达 14.9℃；在黄河源区年平均气温最低，仅

－6.5℃。整个流域年平均气温最大温差可达 21.4℃。黄河流域年平均气温呈现全流域变暖趋势，如图 3.20（b）所示。其中，黄河流域西北地区年平均气温上升速度大于 0.3℃/10a，上升速度较快；而黄河流域东南地区年平均气温上升速度较西北地区慢，低于 0.3℃/10a。说明黄河上游西北地区呈现暖湿化现象，黄河下游地区呈现暖干现象。

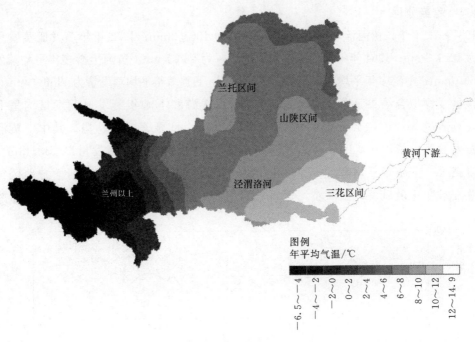

（a）年平均气温空间分布

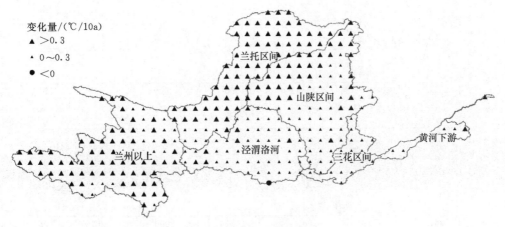

（b）年平均气温变化趋势分布

图 3.20　黄河流域年平均气温空间变化

3.5　蒸发皿蒸发量时空分布特征

3.5.1　时间变化规律

本章分析黄河流域上游、中游和下游各区域蒸发皿蒸发量随时间的变化规律。

3.5.1.1　趋势分析

1961—2017 年，黄河流域年蒸发皿蒸发量为 1067.3mm；1972 年年蒸发皿蒸发量最大，为 1220.3mm；1964 年年蒸发皿蒸发量最小，为 938.7mm。黄河上游多年平均蒸发量为 1063.0mm；中游多年平均蒸发量为 1057.9mm；下游多年平均蒸发量为 1158.1mm。

根据线性拟合结果（图 3.21），黄河上游、中游和下游年蒸发皿蒸发量均呈下降趋势，且通过 M-K 趋势分析的 0.05 显著性检验，呈显著下降趋势。其中，黄河上游年蒸发皿蒸发量以 13.3mm/10a 的速度减少，中游年蒸发皿蒸发量以 13.1mm/10a 的速度减少，下游年平均蒸发量以 28.4mm/10a 的速度减少，表明黄河下游地区年蒸发皿蒸发量变化最显著。虽然黄河流域气温呈上升趋势，但蒸发皿蒸发量却呈递减趋

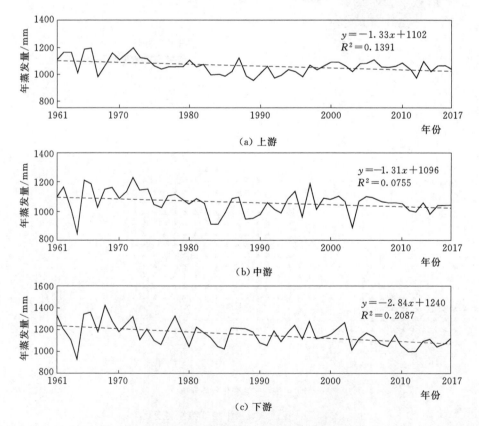

图 3.21　黄河流域年蒸发皿蒸发量趋势分析

势。说明在黄河流域存在"蒸发悖论"现象。有研究[42]认为中国西部地区蒸发皿蒸发量下降主要是供蒸发的动力下降所致，气象因子使蒸发量下降的主要原因是风速和日照时数下降。

3.5.1.2 突变分析

根据 M - K 突变检验结果（图 3.22），黄河上游地区年蒸发皿蒸发量于 1975 年发

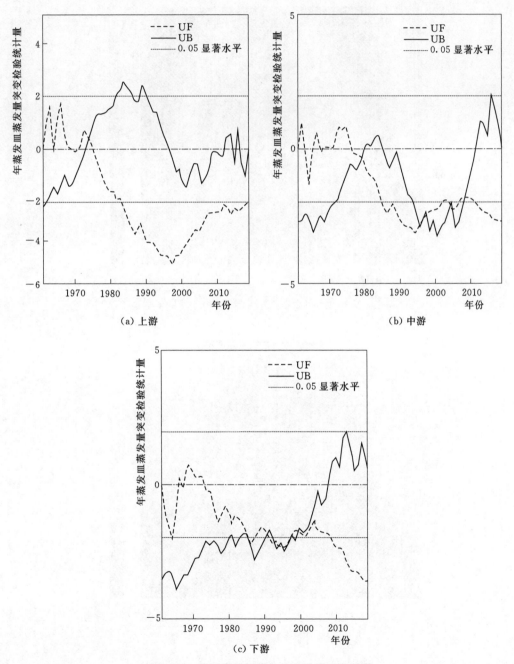

（a）上游

（b）中游

（c）下游

图 3.22 黄河流域年蒸发皿蒸发量突变分析

生突变，突变使年蒸发皿蒸发量由上升趋势变为下降趋势；1982 年后黄河上游年蒸发皿蒸发量呈显著下降趋势；1995 年后年蒸发皿蒸发量下降趋势减缓。黄河上游年蒸发皿蒸发量突变时间早于降水和气温突变时间。

黄河中游地区年蒸发皿蒸发量于 1978 年和 1995—2007 年间发生突变，1978 年突

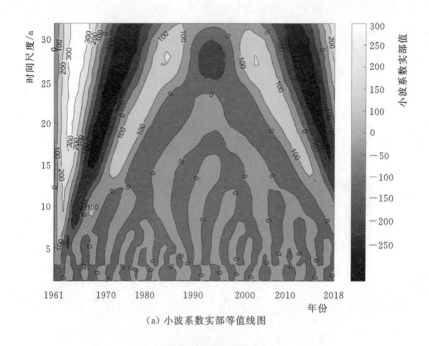

(a) 小波系数实部等值线图

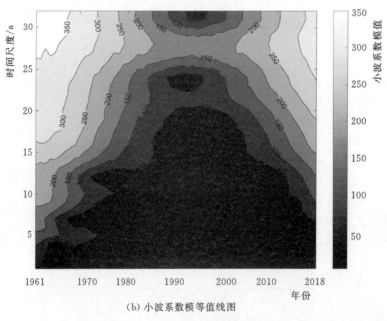

(b) 小波系数模等值线图

图 3.23　黄河上游年蒸发皿蒸发量小波分析

变发生后，年蒸发皿蒸发量由上升趋势变为下降趋势，1983 年后下降趋势显著，1995 年后年蒸发皿蒸发量下降趋势减缓。可以看出黄河中游突变时间和上游突变时间较接近，但略晚于上游。

黄河下游地区年蒸发皿蒸发量于 1990—1998 年间发生突变，此后蒸发下降趋势逐渐增加，2008 年以后年蒸发皿蒸发量下降趋势显著。

3.5.1.3 周期性分析

1. 黄河上游

图 3.23 和图 3.24 为黄河上游年蒸发皿蒸发量小波分析结果。图 3.23（a）反映出黄河上游年蒸发皿蒸发量变化过程中存在多时间尺度特征：3～14a、15～21a、

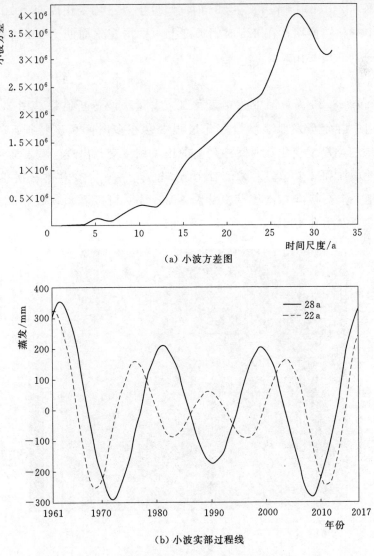

（a）小波方差图

（b）小波实部过程线

图 3.24 黄河上游年蒸发皿蒸发量小波方差

22～32a 三类尺度变化在时间序列上的正负相位交替出现。蒸发皿蒸发量年际变化出现交替性增加和减少趋势。22～32a 尺度出现了枯—丰交替准 3 次震荡，15～21a 尺度出现了枯—丰交替准 5 次震荡。从图 3.23（b）可以看出，22～32a 时间尺度周期性最强，主要发生在 1961—1965 年以及 2015 年以后。

黄河上游年蒸发皿蒸发量小波方差图［图 3.24（a）］存在 4 个较为明显的峰值，依次为 5a、10a、22a 和 28a 时间尺度。其中，28a 时间尺度周期震荡最强，为年蒸发皿蒸发量变化第一主周期；22a 时间尺度对应着第二峰值，为第二主周期；第三和第四主周期分别对应着 10a 和 5a 时间尺度。上述 4 个周期的波动控制着年蒸发皿蒸发量在整个时间域内的变化特征。根据小波方差检验结果，绘制第一和第二主周期小波实部过程线［图 3.24（b）］所示。在 28a 时间尺度上，平均变化周期为 19a 左右，大约经历了 3 个丰—枯转换期；在 22a 时间尺度上，平均变化周期为 14a 左右，大约经历了 4 个周期的丰—枯变化。

2. 黄河中游

图 3.25 和图 3.26 为黄河中游年蒸发皿蒸发量小波分析结果。图 3.25（a）清晰地反映出黄河中游年蒸发皿蒸发量变化过程中存在多时间尺度特征：3～11a、12～21a、22～32a 三类尺度变化在时间序列上的正负相位交替出现，蒸发皿蒸发量年际变化出现交替性增加和减少趋势。22～32a 尺度出现了枯—丰交替准 3 次震荡，12～21a 尺度出现了枯—丰交替准 5 次震荡。从图 3.25（b）可以看出，22～32a 时间尺度周期性最强，主要发生在 1961—1964 年以及 2010 年以后。

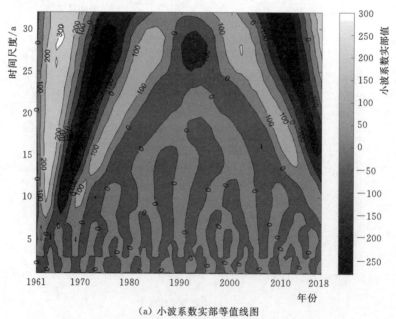

（a）小波系数实部等值线图

图 3.25（一） 黄河中游年蒸发皿蒸发量小波分析

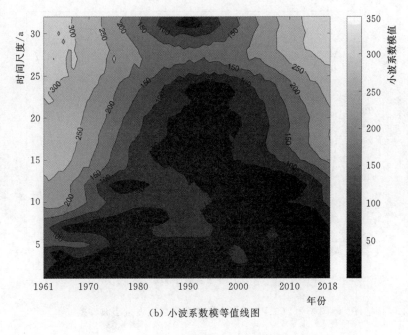

（b）小波系数模等值线图

图 3.25（二） 黄河中游年蒸发皿蒸发量小波分析

黄河中游年蒸发皿蒸发量小波方差图［图 3.26（a）］存在 4 个较为明显峰值，从小至大依次为 5a、10a、18a 和 28a 时间尺度。其中，28a 时间尺度周期震荡最强，为年蒸发皿蒸发量变化第一主周期；18a 时间尺度对应着第二峰值，为第二主周期；第

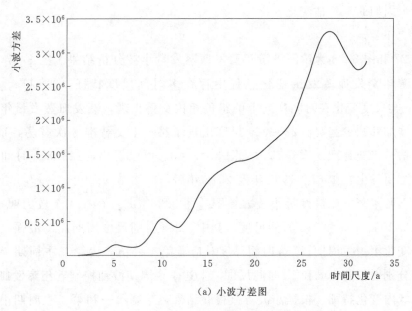

（a）小波方差图

图 3.26（一） 黄河中游年蒸发皿蒸发量小波方差

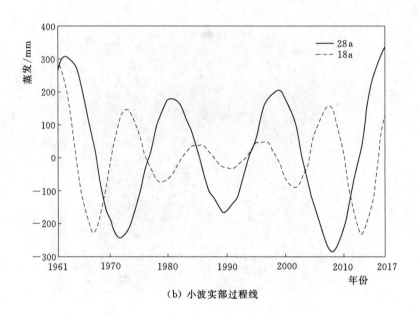

（b）小波实部过程线

图 3.26（二）　黄河中游年蒸发皿蒸发量小波方差

三和第四主周期分别对应着 10a 和 5a 时间尺度。上述 4 个周期波动控制着年蒸发皿蒸发量在整个时间域内的变化特征。根据小波方差检验结果，绘制第一和第二主周期小波实部过程线，如图 3.26（b）所示。在 28a 时间尺度上，平均变化周期为 19a 左右，大约经历了 3 个丰—枯转换期；在 18a 时间尺度上，平均变化周期为 11a 左右，大约经历了 5 个周期的丰—枯变化。

　　3. 黄河下游

　　图 3.27 和图 3.28 为黄河下游年蒸发皿蒸发量小波分析结果。图 3.27（a）反映出黄河下游年蒸发皿蒸发量变化过程中存在多时间尺度特征：3～11a、12～21a、22～32a 三类尺度变化在时间序列上的正负相位交替出现，蒸发皿蒸发量年际变化出现交替性增加和减少趋势。22～32a 尺度出现了枯—丰交替准 3 次震荡，12～21a 尺度出现了枯—丰交替准 5 次震荡。从图 3.27（b）可以看出，22～32a 时间尺度周期性最强，主要发生在 1961—1967 年及 2016 年后。

　　黄河下游年蒸发皿蒸发量小波方差图［图 3.28（a）］存在 4 个较为明显的峰值，依次为 5a、10a、15a 和 28a 时间尺度。其中，28a 时间尺度周期震荡最强，为年蒸发皿蒸发量变化第一主周期；15a 时间尺度对应着第二峰值，为第二主周期；第三和第四主周期分别对应着 10a 和 5a 时间尺度。上述 4 个周期波动控制着年蒸发皿蒸发量在整个时间域内变化特征。根据小波方差检验结果，绘制第一和第二主周期小波实部过程线，如图 3.28（b）所示。在 28a 时间尺度上，平均变化周期为 19a 左右，大约经历了 3 个丰—枯转换期；在 15a 时间尺度上，平均变化周期为 9a 左右，大约经历了 6 个周期的丰—枯变化。

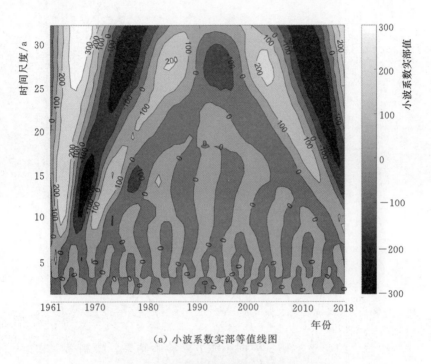

（a）小波系数实部等值线图

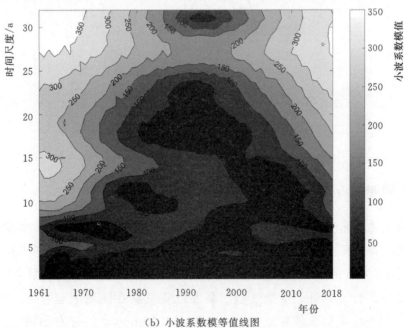

（b）小波系数模等值线图

图 3.27　黄河下游年蒸发皿蒸发量小波分析

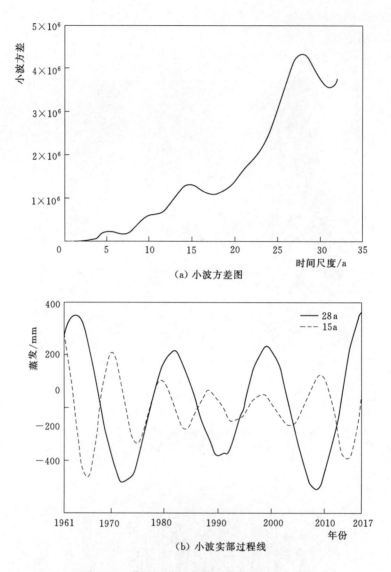

（a）小波方差图

（b）小波实部过程线

图 3.28　黄河下游年蒸发皿蒸发量小波方差

3.5.2　空间变化规律

　　黄河流域地貌形态差别较大，海拔大致可分为三级阶梯。第一级阶梯为海拔 4000m 以上的青藏高原，第二级阶梯是海拔为 1000～2000m 的黄土高原，第三级阶梯为海拔低于 100m 的华北大平原。各区域所述气候类型差异较大，由南向北依次是湿润、半湿润、半干旱和干旱型气候。蒸发皿蒸发量在地域上也存在一定的差异，1961—2017 年平均蒸发皿蒸发量为 754.9～1424.0mm，空间分布如图 3.29（a）所示，总体上呈"北部多、南部少，东部多、西部少"的空间格局。从图 3.29（b）中可以看出，黄河流域年蒸发皿蒸发量由东北向西南地区递减，在兰托区间多年蒸发皿

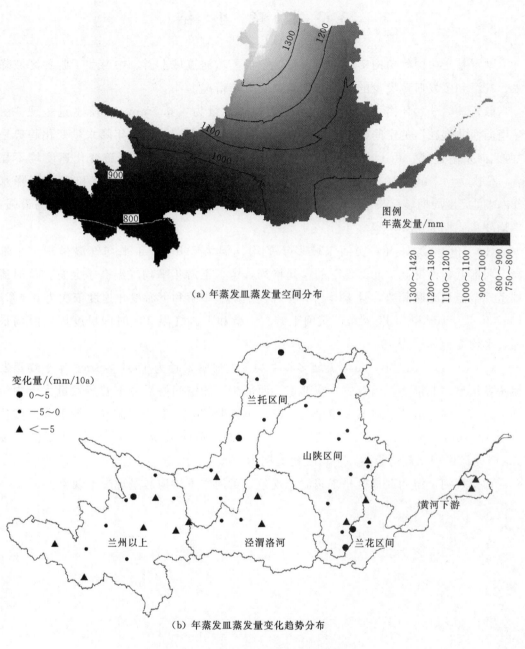

（a）年蒸发皿蒸发量空间分布

（b）年蒸发皿蒸发量变化趋势分布

图 3.29 黄河流域年蒸发皿蒸发量变化

蒸发量最高，可达 1424.0mm；在兰州区间多年平均蒸发量最低，仅 754.9mm。黄河流域蒸发皿蒸发量变化趋势以下降为主，其中黄河上游兰州以上区间部分站点、黄河下游蒸发皿蒸发量呈上升趋势，上升速度小于 5mm/10a；黄河中游部分站点蒸发皿蒸发量下降速度较大，大于 5mm/10a。

3.6 本 章 小 结

本章基于中国气象网实测气象资料，分析了黄河流域上游、中游和下游各区域降水、气温和蒸发皿蒸发量的年际变化和空间分布情况。

（1）1961—2018 年，黄河流域多年平均降水量为 470.1mm。年降水量呈现"由东南向西北递减"的空间格局，下游年降水量高于中上游地区。年降水量变化趋势呈"西北向东南递减，由上升趋势转为下降趋势"，上游、中游和下游变化速度均不显著，依次为 4.0mm/10a、−3.1mm/10a 和 −8.3mm/10a。黄河上游和中游年降水 28a 时间尺度周期震荡最强，平均变化周期为 19a；下游 22a 时间尺度周期震荡最强，平均变化周期为 14a。

（2）1961—2018 年，黄河流域多年平均气温为 5.8℃。年平均气温呈现"东部高、西部低，南部高、北部低"的空间格局，中、下游年平均气温高于上游。黄河流域呈现全流域变暖趋势，且上升趋势显著，上游、中游和下游变化速度依次为 0.4℃/10a、0.2℃/10a 和 0.3℃/10a。黄河上游、中游和下游气温 28a 时间尺度周期震荡最强，平均变化周期为 19a。

（3）1961—2017 年，黄河流域多年平均蒸发皿蒸发量为 1067.3mm。年平均蒸发皿蒸发量呈"北部多、南部少，东部多、西部少"的空间格局，下游蒸发量大于中游和上游。黄河流域蒸发皿蒸发量呈现全流域下降趋势，上游、中游和下游下降速度依次为 13.3mm/10a、13.1mm/10 和 28.4mm/10a。黄河流域上游、中游和下游蒸发 28a 时间尺度周期震荡最强，平均变化周期为 19a。

（4）黄河上游西北地区呈现暖湿化现象，黄河中下游地区呈现暖干现象。

第4章 气候变化对黄河流域
水资源影响的评价

黄河流域是受气候变化影响最明显的地区之一。近几十年来，黄河流域大力实施水土保持工程，修复黄河流域生态环境；同时人类取水、农业灌溉日益增多，流域兴建大批水库，使黄河流域水资源锐减。本章通过建立陆面水文双向耦合模型，结合数值模拟和归因分析方法，定量分析气候变化、土地利用和水利工程等各因素对黄河上中下游径流变化的影响，得出普适性规律。

4.1 陆面水文双向耦合模型

4.1.1 陆面模式 LSX

LSX 是全球大气模式（global environmental and ecological simulation of interactive systems，GENESIS）的陆面模式，在区域尺度的研究中可主要分为植被模块、积雪模块、土壤模块，显式并计算下层植被空气动力学过程和辐射传输过程。陆面模式 LSX 的分辨率通常在几十到几百千米之间，由地表能量平衡计算得到产流、蒸散发和下渗量，并作为该模式的输出，再利用"基于土壤含水量"的降尺度方法将其输出解集到分辨率在几米到几十千米的水文细网格。

植被模块将植被分为树木和草两层，植被上截留水分的数量包括通过冠层到地面的降雨湍流量、叶面滴落量和雪吹落量。植被模块利用空气动力学方法计算植被层的温度和蒸散发量，考虑了植被层的降水截留过程、降水截留量的蒸发损失和自然滴落过程，同时考虑了雾露凝结、截留降水的凝结和融化等物理过程。模块模拟计算的上层植被上部的辐射、感热和水汽通量可作为 CGM 的输入，而地表处的热量和水分通量可作为土壤模块、积雪模块和水文模型的输入。

积雪模块将积雪分为 3 层，其中表层厚度 5cm，第二层和第三层厚度相等，随积雪总厚度变化而变；积雪层及其与地表间的热量通量按线性扩散方法计算。当积雪层温度大于融点时，形成融雪，作为地表降水量的校正，同时温度降低到融点温度。积雪表面的蒸发量根据空气动力学计算。

陆面模式中土壤总厚度为 4.25m，分成 6 层，分别为地表以下 0.05m、0.15m、

0.35m、0.75m、1.75m 和 4.25m。通过计算每层的土壤温度 T、液态土壤含水量 w_l 和土壤含冰量 w_i 来反映土壤不同层次水、热的日内循环和季节循环。土壤模块计算每个网格点的产流量、下渗量等，网格的产流量由超渗产流 R_1 和蓄满产流 R_2 两部分构成。

土壤模块将表层土壤分为 6 层，从上到下每层的厚度为 0.05m、0.10m、0.2m、0.40m、1.0m 和 2.5m，总厚度 4.25m。通过计算每层的土壤温度、液态土壤含水量和土壤含冰量来反映土壤不同层次水、热的日内循环和季节循环。利用理查德方程计算每层的土壤含水量、含冰量，当下层土壤的相对含水量大于 1 时，多余的水分补给到上层土壤含水量；依据按线性扩散和地表能量平衡计算土壤层的温度和土壤层间的热量交换，并利用空气动力学方法计算最上层土壤的蒸发量。当不与水文模型耦合时，土壤下边界的水分通量通常按零或自由出流计算。土壤模块同时负责陆面模式中每个网格点的产流量、下渗量的计算。网格的产流量由超渗产流和蓄满产流两部分构成，当降水速率超过地表下渗能力时，产生超渗产流，当最上层土壤的含水量达到饱和时，多余的水分成为蓄满产流。

由于 LSX 缺乏描述内陆湖泊水体的模块，故本章利用海洋模块模拟黄河的水分能量通量过程，将海水的密度、冰点、比热容等替换为淡水的相应值。

海洋模块将垂直方向的海洋水体看作一个整体，按地表能量平衡计算海水温度和海面垂直热量交换，忽略热量在水平方向上的交换。LSX 中的海面蒸发和潜热通量按空气动力学方法计算，即

$$E = \rho C_e |U_a| (q_s - q_a) \tag{4.1}$$

$$\lambda E = \rho C_e L_v |U_a| (q_s - q_a) \tag{4.2}$$

式（4.1）和式（4.2）中：E 为海面蒸发量，mm/s；λE 为单位面积的潜热通量，W/m²；ρ 为空气密度，kg/m³；C_e 为潜热/水分交换系数；L_v 为海水比热容，J/(kg·K)；U_a 为海面风速，m/s；q_s 为海面温度对应的饱和比湿；q_a 为比湿。

ρ、U_a 和 q_a 应在同一高度上。潜热/水分交换系数 C_e 可由式（4.3）计算：

$$C_e = k^2 \left(\ln \frac{z_m - d}{z_{om}} \ln \frac{z_h - d}{z_{oh}} \right)^{-1} \tag{4.3}$$

式中：k 为 von Karman 常数；z_m、z_h 分别为风速和比湿数据对应的高度；d 为零平面位移高度；z_{om}、z_{oh} 分别为动量和潜热/水分的粗糙度长度。

4.1.2　分布式水文模型 HMS

HMS 是基于早期的水文模型系统 hydrologic modeling system 发展的物理机制分布式水文模型[43]。该模型能够在均匀网格上运行，网格分辨率通常在 5～20km，可

以显式预报河流汇流过程、流量、河流-包气带通量、河流-地下水通量、包气带土壤含水量、湖泊面积与深度、地下水深和二维地下水流。HMS 主要包括 4 个子模块：地表水动力模块、土壤水模块、地下水模块和河湖-地下水相互作用模块。

地表水动力模块与传统的 D8 算法和一维扩散波方程汇流方法不同，HMS 采用多流向算法和二维扩散波方程，可同时进行周围 8 个方向的汇流[45]。河道/湖泊汇流模块由网格地表水面深度 h_1 控制。若 $h_1 \leqslant e$（e 为地表高程），则网格存在河流，此时河床面积与网格面积的比值为 f_b；若 $h_1 > e$，整个网格均为湖泊，此时 $f_b = 1$。河流和湖泊水流运动以及水面高程 h_1 的变化由连续性方程和忽略惯性项的动量方程构成的二维扩散波方程组计算：

（1）连续性方程：

$$\frac{dh_1}{dt} = \left(\frac{dh_1 u_x}{dx} + \frac{dh_1 u_y}{dy} \right) + (1 - f_b)R + f_b(p - E - C_u - C_g) - C_1 \qquad (4.4)$$

即

$$\frac{dh_1}{dt} = \frac{1}{w} \times \left(\frac{dQ_x}{dx} + \frac{dQ_y}{dy} \right) + (1 - f_b)R + f_b(P - E - C_u - C_g) - C_1 \qquad (4.5)$$

式中：h_1 为网格地表水深度，L；u_x、u_y 为地表水流速，L/T；Q_x、Q_y 为地表水通量，L^3/T；f_b 为水面面积系数，L^2/L^2；R、P、E、C_u、C_g 和 C_1 分别为产流量、降水量、潜在蒸散发量、河流-包气带通量、河流-地下水通量和湖泊-地下水通量，L/T；当 $h_1 \leqslant e$ 时，w 为河道宽度，L，否则 w 为网格长度，L。

（2）动量方程：

$$g \frac{Q_x^2}{K^2} = g \left(i_x - \frac{dz}{dx} \right) = -g \frac{dh_1}{dx} \qquad (4.6)$$

$$g \frac{Q_y^2}{K^2} = g \left(i_y - \frac{dz}{dy} \right) = -g \frac{dh_1}{dy} \qquad (4.7)$$

其中

$$K = \frac{AD^{\frac{2}{3}}}{n} \qquad (4.8)$$

式（4.6）～式（4.8）中：i_x、i_y 为底坡，L/L；z 为水深，L；K 为流量模数；D 为湿周，L；n 为糙率，L/L；g 为重力加速度，L/T^2；其余符号意义同前。

联立连续性方程［式（4.5）］和动量方程［式（4.6）、式（4.7）］即可求解地表水面高程 h_1 及流量 Q。

河湖-地下水相互作用模块假定河湖和地下水系统间存在弱透水层。河湖-地下水通量由饱和土壤的达西定律计算：

$$C_i = K_s \frac{h_g - h_1}{\Delta x}, \quad i = u, g, l \tag{4.9}$$

式中：K_s 为河（湖）床饱和水力传导系数；Δx 为渗透距离，L；h_g 为地下水位，L。

由于缺乏河（湖）床饱和水力传导系数 K_s 以及渗透距离 Δx 的相关资料，故引入：

$$K_d = \frac{K_s}{\Delta x} \tag{4.10}$$

式中：K_d 为模块待率定参数，T。

4.1.3　LSX – HMS 双向耦合机理

区域陆面水文耦合模式 LSX – HMS 为陆面模式 LSX 与分布式水文模型 HMS 的双向耦合模式，综合考虑了陆面植被、土壤水分、能量和动量过程，有机融合了地表水、地下水、土壤水及河流/湖泊水体等各个水文物理过程，因此可用于变化环境下水文水资源机理响应研究、人类活动影响等诸多前沿研究领域。

LSX – HMS 结构如图 4.1 所示。陆面模式 LSX 通过降水、太阳辐射、气温、风速、气压、比湿、云层面积等气象要素计算产流量、蒸散发量和土壤下边界的水分通量并传递给分布式水文模型 HMS，HMS 对地表水和地下水进行汇流，计算深层包气带的含水量和地下水位并反馈给陆面模式 LSX，更新 LSX 土壤下边界的水分通量。

地表水部分，将 LSX 计算得到的产流量 R 和潜在蒸散发 E 作为二维扩散波方程［式（4.5）］的源汇项，实现了地表水的耦合。土壤水部分，将 LSX 土壤层下边界的水分通量作为 LSX 土壤层与 HMS 含水层之间的水分通量，其不再是陆面模式中常用的零通量或自由排水通量，而是由 LSX 底层土壤的含水量以及底层土壤与 HMS 地下水位之间基质势的梯度所决定。根据非饱和土壤的达西定律，LSX 与 HMS 间的水分通量 I，［L/T］，即式（4.5）中的土壤深层渗漏量 I，可由式（4.11）确定。

$$I = K(\theta)\left(\frac{\mathrm{d}\Psi}{\mathrm{d}z} + 1\right) \tag{4.11}$$

由于模型中只设置一层深层包气带和一个单一的土壤含水量，无法精确计算其偏导 $\frac{\mathrm{d}\Psi}{\mathrm{d}\theta}$。因此，假定基质势 Ψ 在 LSX 土壤下边界和 HMS 地下水面之间呈线性变化，即

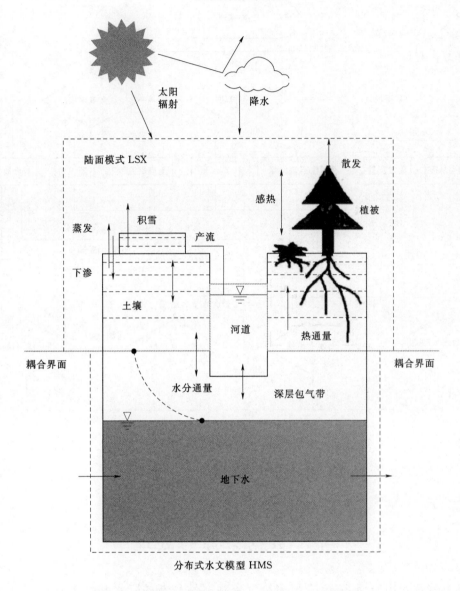

图 4.1 陆面水文耦合模式 LSX‐HMS 结构示意图

$$\frac{\mathrm{d}\boldsymbol{\Psi}}{\mathrm{d}z} = \frac{\boldsymbol{\Psi}_{\mathrm{sat}} - \boldsymbol{\Psi}(\theta)}{Z_{\mathrm{g}} - Z_{\mathrm{i}}} \tag{4.12}$$

式中：Z_{g}、Z_{i} 分别为 HMS 地下水位和 LSX 土壤下边界与地面之间的距离 [L]，向下为负。

通过式（4.5）、式（4.11）及式（4.12），LSX 与 HMS 实现了双向耦合，即陆面水文耦合模式 LSX‐HMS（图 4.2）。

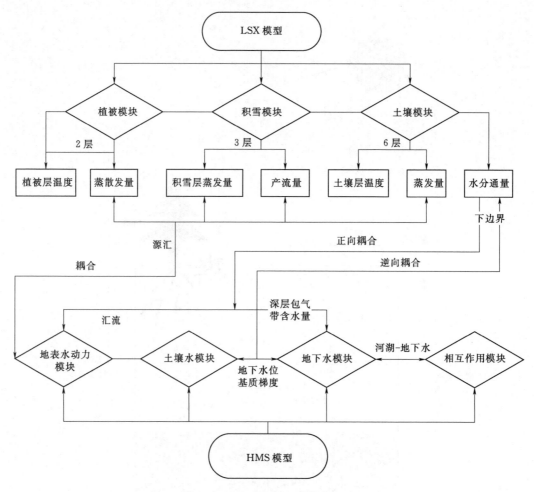

图 4.2　LSX – HMS 双向耦合机理

4.2　数据来源与处理

本书选取中国地面 2472 个国家级气象观测站最新的降水和气温资料（http：//data. cma. cn），生成了日值降水和气温格点数据，并对日值源数据采用降尺度方法进行模型可适用处理；比湿、风速、气压、红外辐射、直射可见光、直射近红外、散射可见光、散射近红外、云量数据由 NCEP/NCAR 再分析资料获得；蒸发量数据由流域内 45 个蒸发站基于大型蒸发皿的实测资料获得。另外，我们还分别选取了全国范围内基于多尺度高程的水文数据和地图数据集（hydrological data and maps based on shuttle elevation derivatives at multiple scales，Hydro SHEDS）90m 分辨率的数字高程和累积流分布数据、MODIS 1km 分辨率的网格土地利用数据，以及世界土壤数据库（harmonized world soil database version 1.1，HWSD）1km 分辨率的土壤类型数据作为初始数据源，并分别对其进行升尺度处理，获得模型适用地表高程和河道深度、植被和土地利用以及砂土和黏土含量数据。

本节设置模式网格大小为 20km，陆面模式 LSX 的时间步长为 20min，水文模型 HMS 的时间步长为 1d。设置模式预热时间为 1a，其目标是使模式模拟的地下水流达到初始平衡态，从而闭合陆地水循环。模式默认投影方式为兰伯特方位等积投影（lambert azimuthal equal area）。

数据来源与处理见表 4.1。

表 4.1   **数据来源与处理**

数据类型		初始源数据			模型可适用处理后		
		来源	空间分辨率	时间分辨率	空间分辨率	时间分辨率	时空序列
气象数据	降水、气温	最新中国地面2472个国家级气象观测站[1]	0.5°×0.5°	24h	0.5°×0.5°	6h	1961—2017年全国范围
	比湿、风速、气压、红外辐射、直射可见光、直射近红外、散射可见光、散射近红外、云量	NCEP/NCAR再分析资料	1.875°×1.875°	24h	1.875°×1.875°	6h	1948—2018年全球范围
数字高程及河道深度	数字高程、累积流分布	Hydro SHEDS	90m		20km		全亚洲范围
植被及土地利用	常绿阔叶林、落叶阔叶林、常绿落叶混合林、针叶阔叶林、高海拔落叶林、草地、草地/零星耕地、草地/零星林地、灌木和裸土、地衣/苔藓、裸地、耕地	MODIS	1km		20km		全国范围
土壤	砂土和黏土含量	HWSD	1km		20km		全国范围

1 中国气象数据网。

4.2.1 气象数据库

模式的气象驱动包括小时降水、小时气温、每 6h 比湿、每 6h 风速、每 6h 气压、每 6h 红外辐射、每 6h 直射可见光、每 6h 直射近红外、每 6h 散射可见光、每 6h 散射近红外、每 6h 云量等。

本章基于国家气象信息中心最新整编的中国地面 2472 个国家级气象观测站的降水气温资料（http：//data.cma.cn），利用薄盘样条法（thin plate spline，TPS）进行空间插值，生成了中国地面水平分辨率为 0.5°×0.5° 的日值降水、最高气温、最低气温和平均气温格点数据。数据目前完整可用的时间跨度为 1961—2017 年，空间范围为全国。

本章将原始降水和气温数据库分别替换为上述中国地面降水日值 0.5°×0.5° 格点数据集（V2.0）和中国地面气温日值 0.5°×0.5° 格点数据集（V2.0）。同时，为满足模式降水输入格式，对日值降水进一步采用如下降尺度方法生成小时降水数据：

$$p_{i,d} = p_d \cdot \mathrm{rand}_i^2 \tag{4.13}$$

且满足

$$\sum_{i=1}^{24} \mathrm{rand}_i^2 = 1 \tag{4.14}$$

式中：p_d 为第 d 天的日降水量；$p_{i,d}$ 为第 d 天第 i 小时的小时降水量；rand_i 为使式（4.14）成立的随机数组。

为满足模式气温输入格式，假设日最低气温出现在 6 时，日最高气温出现在 14 时，对日值气温进一步采用如下降尺度方法生成小时气温数据：

$$t_{i,d} = \begin{cases} t_{d,\min}, & i=6 \\ t_{d,\max}, & i=14 \\ \min[t_{i-1,d}, t_{d,\max}-(t_{d,\max}-t_{d,\min}) \cdot \mathrm{rand}], & 6 < i \leqslant 23; \ i \neq 14 \\ \max[t_{i+1,d}, t_{d,\min}-(t_{d,\max}-t_{d,\min}) \cdot \mathrm{rand}], & 0 \leqslant i < 6 \end{cases} \tag{4.15}$$

且满足

$$\sum_{i=1}^{24} \frac{t_{i,d}}{24} = t_{d,\mathrm{mean}} \tag{4.16}$$

式中：$t_{d,\mathrm{mean}}$、$t_{d,\max}$、$t_{d,\min}$ 分别为第 d 天的日平均气温、日最高气温和日最低气温；$t_{i,d}$ 为第 d 天第 i 小时的小时气温；rand 为使式（4.16）成立的随机数组。

比湿、风速、气压、红外辐射、直射可见光、直射近红外、散射可见光、散射近红外、云量数据由 NCEP/NCAR 再分析资料提供，时间分辨率为 6h，空间分辨率为 $1.875° \times 1.875°$，目前可用的时间跨度为 1948—2018 年，可用的空间范围为全球。

4.2.2　数字高程及河道深度

本研究选用由 90m 分辨率的航天飞机雷达地形测绘任务（SRTM）发展而来的 Hydro SHEDS 作为模式初始化的数据源，数据的可用空间范围为全亚洲。为了使其能应用于模式，首先重投影至兰伯特方位等积投影，然后进一步采用考虑网格累积流的 ZB 算法[45]将全国范围内的数据升尺度至 20km，最后利用 HMS 前处理工具得到全国 20km 分辨率的地表高程和累积流分布。

4.2.3　植被及土地利用

模式内置的植被土地利用模块将植被和土地利用分为 12 个类型，分别是：常绿阔叶林、落叶阔叶林、常绿落叶混合林、针叶阔叶林、高海拔落叶林、草地、草地/

零星耕地、草地/零星林地、灌木和裸土、地衣/苔藓、裸地、耕地。模式的土地利用驱动采用由中分辨率成像光谱仪（MODIS）生成的1km网格土地利用数据[46]，数据的可用空间范围为全国。

为了使其能应用于模式，首先重投影至兰伯特方位等积投影，然后利用重采样算法将全国范围内的数据升尺度到模式20km分辨率。全国范围MODIS数据对应的模式植被及土地利用类型。

4.2.4 土壤

模式所需土壤数据包括砂土含量（%）和黏土含量（%），用于计算土壤饱和含水率、饱和基质势、饱和水力传导度等土壤参数。本书中模式土壤驱动采用世界土壤数据库（harmonized world soil database version 1.1，HWSD）1km 土壤类型数据，数据的可用空间范围为全国。

为了使其能应用于模式，首先重投影至兰伯特方位等积投影，然后利用重采样算法将全国范围内的数据升尺度至模式的20km分辨率，得到全国的砂土和黏土含量。

4.3 还原径流特征分析

本节以黄河流域上游、中游和下游分界点——头道拐、花园口和利津水文站为研究对象，按照黄河流域上游、中游和下游分别研究各区域内的径流变化规律，并识别径流变异点，考察变异前后气候变化、土地利用和水利工程对径流变化的贡献率。由于还原径流是将测站以上受地表水开发利用活动影响而增减的水量进行还原，具有一致性，基本能够代表当年的天然产流量。因此，本节采用1961—2016年还原后的逐月径流资料做分析。

4.3.1 趋势分析

本节采用 M-K 检验法，对黄河流域上游、中游和下游出口水文站1961—2016年的年径流量进行趋势分析（头道拐还原径流资料为1961—2010年），研究黄河流域各区域径流量在年尺度上的变化特征。黄河上游、中游、下游出口水文站的年径流量变化如图4.3所示。

上游头道拐1961—2010年径流量呈下降趋势，且通过0.05显著性检验，并以2.25亿 m³/a 的速度显著减少。1961—2010年头道拐平均年径流量为329.7亿 m³，年最大径流量为536.1亿 m³，出现在1967年；年最小径流量为196.4亿 m³，出现在2002年。头道拐站年径流最大值是多年平均径流量的1.6倍，年径流量最大值是年径流量最小值的2.7倍。

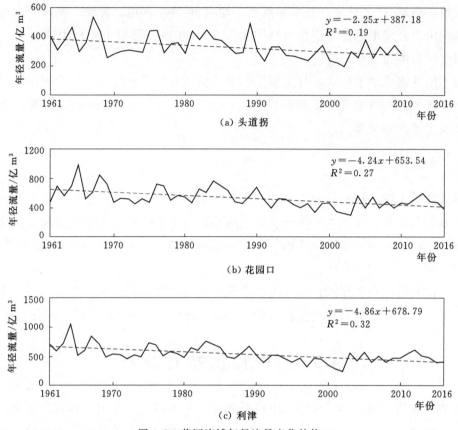

图 4.3　黄河流域年径流量变化趋势

中游花园口 1961—2016 年径流量呈下降趋势，且通过 0.05 显著性检验，并以 4.23 亿 m³/a 的速度显著减少。1961—2016 年花园口平均年径流量为 530.3 亿 m³，年最大径流量为 988.5 亿 m³，出现在 1965 年；年最小径流量为 299.2 亿 m³，出现在 2003 年。花园口站年径流最大值是多年平均径流量的 1.9 倍，年径流量最大值是年径流量最小值的 3.3 倍。

下游利津 1961—2016 年径流量呈下降趋势，且通过 0.05 显著性检验，并以 4.86 亿 m³/a 的速度显著减少。1961—2016 年利津平均年径流量为 540.2 亿 m³，年最大径流量为 1056.5 亿 m³，出现在 1964 年；年最小径流量为 245.9 亿 m³，出现在 2002 年。利津站年径流最大值是多年平均径流量的 2.0 倍，年径流量最大值是年径流量最小值的 4.3 倍。

黄河流域从上游至下游，年径流量下降速度逐渐增大，其中中游和下游的年径流量下降速度较接近，为上游的 1.9~2.2 倍；且中游和下游径流量的年际变化较上游更剧烈。

4.3.2　时间序列分割

为便于对黄河流域径流变化成因进行对比，将黄河上游、中游和下游出口控制站

1961—2010 年的 50 年的径流序列进行统一的阶段划分。采用 M－K 突变检验和滑动 T 检验两种方法，对头道拐、花园口和利津水文站年径流序列突变点进行综合检验，结果如图 4.4 和图 4.5 所示。

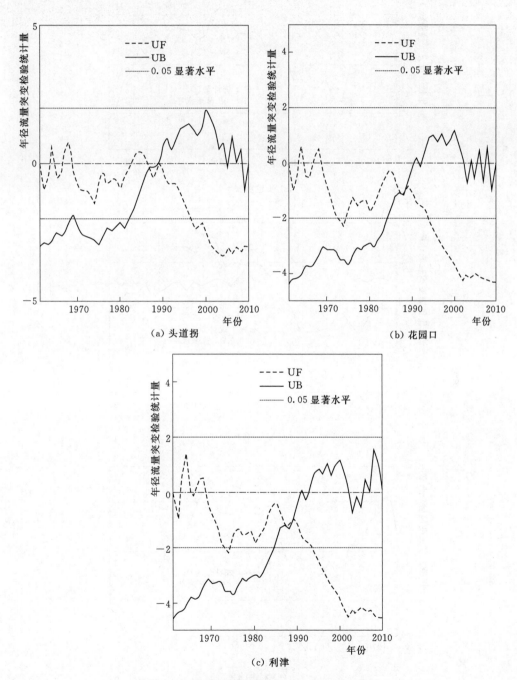

图 4.4 黄河流域年径流 M－K 突变检验结果

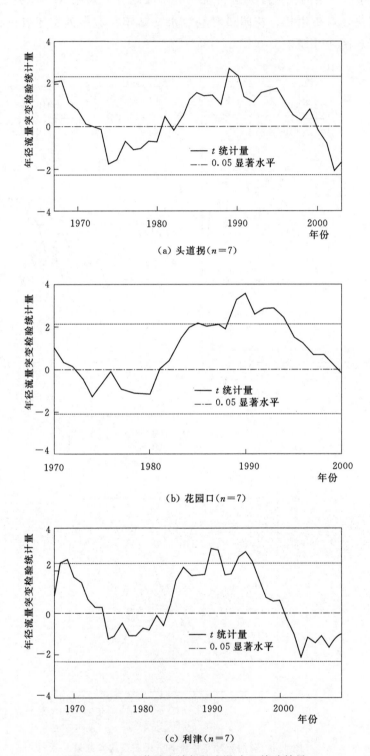

（a）头道拐（$n=7$）

（b）花园口（$n=7$）

（c）利津（$n=7$）

图 4.5（一）　黄河流域年径流滑动 T 检验结果

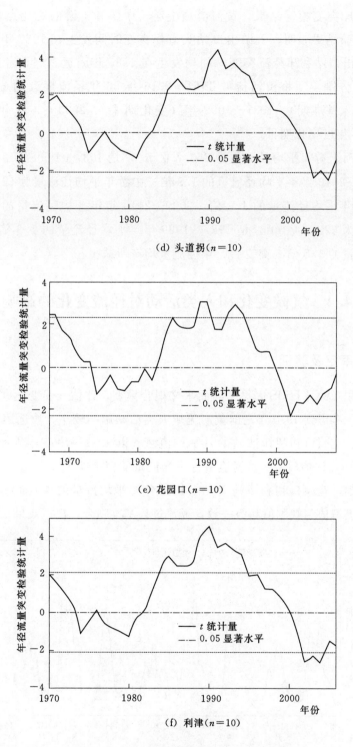

(d) 头道拐($n=10$)

(e) 花园口($n=10$)

(f) 利津($n=10$)

图 4.5（二）　黄河流域年径流滑动 T 检验结果

根据 M - K 突变检验结果，黄河流域上游、中游和下游的突变点均发生在 1987 年。滑动 T 检验结果表明，上游出口站头道拐突变时间发生在 1987 年，中游出口站花园口和下游出口站利津径流突变时间均发生在 1985 年附近。综合考虑，采用 1987 年为径流序列分割点，将黄河流域 1961—2016 年 56 年径流序列划分为 4 个阶段：1961—1986 年（基准期）、1987—1999 年（变化期Ⅰ）、2000—2009 年（变化期Ⅱ）和 2010—2016 年（变化期Ⅲ）。

突变前黄河上游年平均径流量为 363.7 亿 m³，是 1987—1999 年年平均径流量的 1.2 倍，2000—2010 年年平均径流量的 1.3 倍；中游年平均径流量为 612.8 亿 m³，是 1987—1999 年年平均径流量的 1.3 倍，2000—2010 年年平均径流量的 1.4 倍；下游年平均径流量为 626.1 亿 m³，是 1987—1999 年年平均径流量的 1.3 倍，2000—2010 年年平均径流量的 1.5 倍。突变后，年径流量均有所减少。

4.4　气候变化和人类活动对径流变化的影响

4.4.1　模型率定及验证

本章节采用 LSX - HMS 大尺度陆面水文耦合模型，评估气候变化和人类活动对径流变化的影响。考虑到 1970 年之前黄河流域人类活动影响较小，故选用 1961—1969 年兰州、头道拐、花园口和利津四站的月平均流量，以 1961—1965 年为率定期，1966—1969 年为验证期，评估模型对黄河流域月平均流量的模拟能力。图 4.6（a）～（d）展示了兰州、头道拐、花园口和利津站 1961—1969 年月平均流量的观测值与模拟值。从图中可以看出，模拟值与观测值趋势一致，径流过程基本吻合，模拟效果很好。

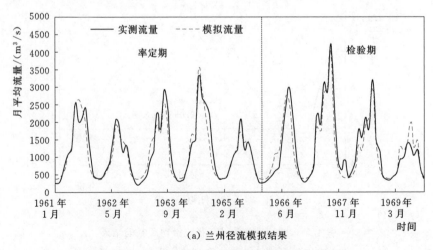

（a）兰州径流模拟结果

图 4.6（一）　黄河流域月平均流量模拟值与观测值

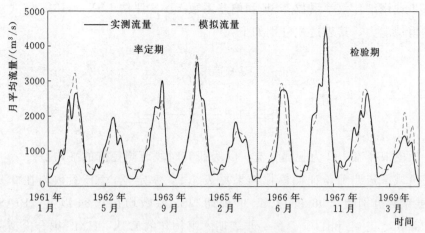

（b）头道拐径流模拟结果

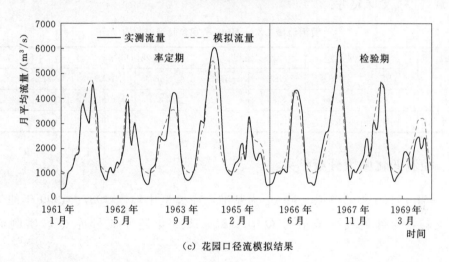

（c）花园口径流模拟结果

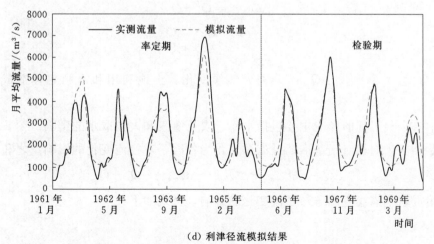

（d）利津径流模拟结果

图 4.6（二） 黄河流域月平均流量模拟值与观测值

进一步选用纳什效率系数 NSE 和偏差系数 BIAS 评估 LSX－HMS 模式对黄河流域径流的模拟能力，其表达式分别如下：

$$\text{BIAS}=\frac{\sum S_i}{\sum O_i} \tag{4.17}$$

$$\text{NSE}=1-\frac{\sum(S_i-O_i)^2}{\sum(O_i-\overline{O})^2} \tag{4.18}$$

式中：S 为模拟径流；O 为观测径流；$\overline{O}$ 为研究时段观测径流的平均值。

黄河流域率定期和验证期模拟结果见表 4.2，率定期 NSE 系数均在 0.85 以上，BIAS 偏差系数分别为 0.98 和 1.02；验证期 NSE 系数均在 0.84 以上，BIAS 偏差系数分别为 0.97、1.02 和 1.10。进一步表明本书构建的 LSX－HMS 耦合模型适用于该研究流域且模拟效果良好。

表 4.2　　　　　　　　　黄河流域 LXS－HMS 率定和验证结果

水文站	兰　州		头道拐		花园口		利　津	
指标	NSE	BIAS	NSE	BIAS	NSE	BIAS	NSE	BIAS
率定期	0.90	0.98	0.89	1.02	0.85	1.02	0.85	1.02
验证期	0.90	0.97	0.89	1.02	0.86	1.067	0.84	1.10

4.4.2　径流变化归因分析结果

以 1961—1986 年的模拟流量 Q_s 为基准，在模型中输入 1987—1999 年的气象条件进行模拟，得到流量模拟值为 Q'_s，1987—1999 年还原流量为 Q_r，实测流量为 Q_o，则

$$\Delta Q_{\text{climate}}=Q'_s-Q_s \tag{4.19}$$

$$\Delta Q_{\text{land}}=Q_r-Q_s-\Delta Q_{\text{climate}} \tag{4.20}$$

$$\Delta Q_{\text{project}}=Q_o-Q_r \tag{4.21}$$

式中：$\Delta Q_{\text{climate}}$、$\Delta Q_{\text{land}}$、$\Delta Q_{\text{project}}$ 分别为气候变化、土地利用和水利工程造成的流量变化。

其中，水利工程的影响主要包括水库、农业灌溉和人类取水的影响。

因此，变化期相对于基准期径流总变化为各因子对径流变化的影响量之和：

$$\Delta Q=\Delta Q_{\text{climate}}+\Delta Q_{\text{land}}+\Delta Q_{\text{project}}=Q_o-Q_s \tag{4.22}$$

采用贡献率描述各因子对径流变化的影响，公式如下：

$$C_x=\frac{\Delta Q_x}{\Delta Q}\times100\% \tag{4.23}$$

式中：C_x 为因子 x 的贡献率，%；ΔQ_x 为因子 x 导致的径流变化值。

同理，以上述公式计算 2000—2009 年和 2010—2016 年相对于基准期各因子对径流变化的影响。

黄河上、中、下游径流变化的归因分析结果见表 4.3。

表 4.3　　　　　　　　　　黄河上、中、下游径流变化归因分析结果

断面	时间	实测流量 /(m³/s)	径流变化 /(m³/s)	气候变化		土地利用		水利工程	
				流量变化 /(m³/s)	贡献率 /%	流量变化 /(m³/s)	贡献率 /%	流量变化 /(m³/s)	贡献率 /%
头道拐 (上游)	1987—1999 年	510.3	−696.5	−101.5	14.6	−149.1	21.4	−445.8	64.0
	2000—2009 年	462.1	−744.7	−106.4	14.3	−211.9	28.5	−426.4	57.3
花园口 (中游)	1987—1999 年	861.6	−1281.5	−192.2	15.0	−440.3	34.4	−649.0	50.6
	2000—2009 年	735.2	−1407.9	−174.2	12.4	−615.2	43.7	−618.5	43.9
	2010—2016 年	874.5	−1268.6	193.2	−15.2	−828.4	65.3	−633.5	49.9
利津 (下游)	1987—1999 年	474.0	−1728.4	−207.2	12.0	−471.2	27.3	−1050.1	60.7
	2000—2009 年	446.8	−1755.7	−175.2	10.0	−670.0	38.2	−910.5	51.8
	2010—2016 年	558.1	−1644.3	191.5	−11.6	−841.5	51.2	−994.3	60.4

4.4.2.1　黄河流域上游径流变化分析

图 4.7 显示了气候变化、土地利用和水利工程各因子对黄河流域上游径流变化的贡献率。由于头道拐缺少 2010 年以后的还原流量，因此黄河上游只对 1987—1999 年和 2000—2009 年两个阶段的径流变化做分析。由图 4.7 可知，1987—1999 年（变化期Ⅰ）和 2000—2009 年（变化期Ⅱ）相对于 1961—1986 年，水利工程为径流减少的最主要因素，其次是土地利用（下垫面变化），气候变化对黄河上游径流变化的影响最小。

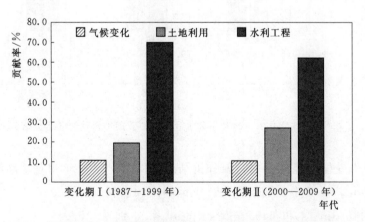

图 4.7　气候变化、土地利用和水利工程对黄河上游径流变化贡献率

根据表 4.3 头道拐径流变化归因分析结果，1987—1999 年相对基准期总的径流变化为 −696.5m³/s，其中，气候变化、土地利用和水利工程导致年平均流量分别减少

$101.5\mathrm{m^3/s}$、$149.1\mathrm{m^3/s}$ 和 $445.8\mathrm{m^3/s}$，贡献率分别为 14.6%、21.4% 和 64%。2000—2009 年相对基准期总的径流变化为 $-744.7\mathrm{m^3/s}$，其中，气候变化、土地利用和水利工程导致年平均流量分别减少 $106.4\mathrm{m^3/s}$、$211.9\mathrm{m^3/s}$ 和 $426.4\mathrm{m^3/s}$，贡献率分别为 14.3%、28.5% 和 57.3%。

在黄河上游，变化期 Ⅱ 相对于变化期 Ⅰ，总径流变化量增大，其中气候变化对径流变化的贡献率差异不大，而土地利用（下垫面）导致的径流变化有所上升，水利工程导致的径流变化略有减少，总体比较稳定。可能是由于 2000 年后，黄河流域上游植树造林、退耕还林等一系列措施，使植被增加，土地利用（下垫面）影响增大；而国家实施节水灌溉、限制人类取用水等一系列措施使工程影响略有减少。

4.4.2.2　黄河流域中游径流变化分析

图 4.8 为 1987—1999 年、2000—2009 年和 2010—2016 年 3 个阶段相对于基准期，气候变化、土地利用和水利工程等各因子对黄河流域中游径流变化的贡献率。由图 4.8 可知，1987—1999 年（变化期 Ⅰ）、2000—2009 年（变化期 Ⅱ）和 2010—2016 年（变化期 Ⅲ）相对于 1961—1986 年，水利工程为径流减少的主导因素，其次是土地利用（下垫面变化），气候变化最小；甚至在 2010—2016 年气候变化对黄河中游径流变化的影响为负，即气候变化使径流有增加趋势。

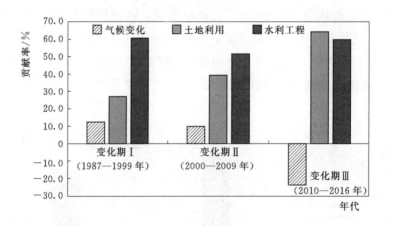

图 4.8　气候变化、土地利用和水利工程对黄河中游径流变化贡献率

根据表 4.3 花园口径流变化归因分析结果，1987—1999 年相对基准期总的径流变化为 $-1281.5\mathrm{m^3/s}$，其中，气候变化、土地利用和水利工程导致年平均流量分别减少 $192.2\mathrm{m^3/s}$、$440.3\mathrm{m^3/s}$ 和 $649.0\mathrm{m^3/s}$，贡献率分别为 15.0%、34.4% 和 50.6%。2000—2009 年相对基准期总的径流变化为 $-1407.9\mathrm{m^3/s}$，其中，气候变化、土地利用和水利工程导致年平均流量分别减少 $174.2\mathrm{m^3/s}$、$615.2\mathrm{m^3/s}$ 和 $618.5\mathrm{m^3/s}$，贡献率分别为 12.4%、43.7% 和 43.9%。2010—2016 年相对基准期总的径流变化为

$-1268.6\mathrm{m^3/s}$，其中，气候变化、土地利用和水利工程导致年平均流量分别减少$-193.2\mathrm{m^3/s}$、$828.4\mathrm{m^3/s}$和$633.5\mathrm{m^3/s}$，贡献率分别为-15.2%、65.3%和49.9%。

在黄河中游，变化期Ⅰ和Ⅲ径流变化量相当，变化期Ⅲ虽然土地利用变化加剧，但气候因素（降水增加）减缓了径流变化。黄河中游土地利用（下垫面）导致的径流变化逐年增加，2010—2016年土地利用（下垫面变化）对径流变化贡献率最大，甚至超过了水利工程的影响。可能是由于近年国家大力治理黄河高原水土流失问题，在黄土高原一带大力开展植树造林、退耕还林以及水土保持工程等一系列措施，使得黄河中游一带下垫面变化显著。水利工程导致的径流变化基本维持在稳定水平，波动较小。

4.4.2.3　黄河流域下游径流变化分析

图4.9为1987—1999年、2000—2009年和2010—2016年3个阶段相对于基准期，气候变化、土地利用和水利工程等各因子对黄河流域下游径流变化的贡献率。由图4.9可知，1987—1999年（变化期Ⅰ）、2000—2009年（变化期Ⅱ）和2010—2016年（变化期Ⅲ）相对于1961—1986年，水利工程依然为径流减少的最主要因素，其次是土地利用（下垫面变化），气候变化最小；2010—2016年气候变化对黄河下游径流变化的影响为负，即气候变化使径流有增加趋势，与中游表现相同。

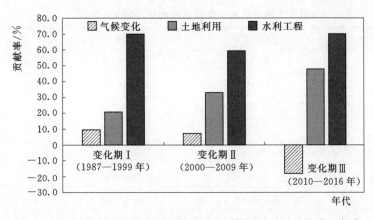

图4.9　气候变化、土地利用和水利工程对黄河下游径流变化贡献率

根据表4.3利津径流变化归因分析结果，1987—1999年相对基准期总的径流变化为$-1728.4\mathrm{m^3/s}$，其中，气候变化、土地利用和水利工程导致年平均流量分别减少$207.2\mathrm{m^3/s}$、$471.2\mathrm{m^3/s}$和$1050.1\mathrm{m^3/s}$，贡献率分别为12.0%、27.3%和60.7%。2000—2009年相对基准期总的径流变化为$-1755.7\mathrm{m^3/s}$，其中，气候变化、土地利用和水利工程导致年平均流量分别减少$175.2\mathrm{m^3/s}$、$670.0\mathrm{m^3/s}$和$910.5\mathrm{m^3/s}$，贡献率分别为10.0%、38.2%和51.8%。2010—2016年相对基准期总的径流变化为$-1644.3\mathrm{m^3/s}$，其中，气候变化、土地利用和水利工程导致年平均流量分别减少

$-191.5\text{m}^3/\text{s}$、$841.5\text{m}^3/\text{s}$ 和 $994.3\text{m}^3/\text{s}$，贡献率分别为 -11.6%、51.2% 和 60.4%。

在黄河下游，变化期Ⅰ、Ⅱ和Ⅲ相较于基准期径流变化量相当，变化期Ⅲ径流变化量略有减少，可能是黄河下游气候因素（降水增加）减缓了径流变化。黄河下游土地利用（下垫面）导致的径流变化呈稳定增加态势。对比发现，黄河流域中游和下游气候变化和土地利用对径流影响的数值相近，表明气候变化和土地利用变化主要发生在黄河流域中游。水利工程导致的径流变化基本维持在稳定水平，波动较小。

4.4.2.4　黄河流域径流变化综合分析

不难看出，2000 年以来黄河中下游河道水量锐减，一方面与气候变化通过对降水、气温、相对湿度等因子直接或间接地影响区域水循环过程有关；另一方面，还由于人类活动导致的日益增长的经济社会用水，以及土地利用/覆被变化。

黄河中游和下游土地利用变化导致流量变化范围在 $440\sim842\text{m}^3/\text{s}$，而上游土地利用变化对径流变化影响相对较小。主要原因在于 21 世纪以来，国家实施"退耕还林（草）"生态恢复政策，剧烈地改变了陆地表层能量和水分分布格局，从而改变水循环过程。由 2000—2012 年黄河中上游地区水土保持措施数据[47]（表 4.4）可以看出。相比 2000 年，2012 年梯田面积增加 17%，人工林面积增加 37%，人工草面积增加 128%。

表 4.4　　　　　黄河中上游地区水土保持措施面积（2000—2012 年）

年　份	梯田/hm^2	人工林/hm^2	人工草/hm^2
2000	2989583	5439562	1129242
2001	3018006	5626139	1180396
2002	3127109	5942315	1251785
2003	3187173	6353727	1340012
2004	3249599	6688022	1400168
2005	3315377	6930351	1455666
2006	3376576	7124452	1510179
2007	3408842	7318927	1510064
2008	3415145	7383969	1881860
2009	3423730	7471440	2102674
2010	3458880	7487907	2330178
2011	3472442	7222939	2512108
2012	3493737	7467613	2578059

有研究显示，黄河中游平均植被覆盖度在 1978 年、1998 年和 2010 年分别约为 21.2%、29.6% 和 43.8%，尤其在 1998 年后植被覆盖度显著增长。随着 1999 年以来水土保持措施大幅度的持续实施，黄河中游 11 个子流域叶面积指数增大 32.4%～

109.5%，导致还原径流最大减少 55.8%。同时，三北防护林工程大大改善了黄土高原区的环境状况，至 2008 年共治理黄土高原水土流失面积 3 亿多亩，黄土高原区的森林覆盖率由 1977 年的 11% 提高到 19.55%[47]。

对地表径流的影响较为明显的另一项流域水土流失综合治理措施是淤地坝的建设。据第一次全国水利普查结果，截至 2011 年潼关以上淤地坝总数为 58099 座，其中骨干坝 5655 座，中小型淤地坝约 52444 座，淤地坝建设主要集中在黄土高原地区。2000—2012 年黄河潼关以上现状淤地坝年均拦沙量为 3.75 亿 t[48-51]，淤地坝在拦截黄河泥沙，改善生态环境方面具有重要作用，但其对水资源也产生了负面影响。据水利部预测，如果全面按照淤地坝建设规划实施，截至 2020 年，淤地坝建设将减少 43 亿 m³ 的水量进入黄河。在全球气候变化和大规模人类活动的影响下，对黄河水资源的减少量可能更大。因此，淤地坝建设也是近年黄河流域生态建设措施中使水资源减少的重要原因之一[52-54]。

根据归因分析结果，黄河流域上、中、下游水利工程对径流变化的影响分别在 400 亿 m³/s、600 亿 m³/s 和 1000 亿 m³/s 左右，从上游至下游表现为逐渐增加趋势。在黄河流域水利工程对径流变化影响中，人类取水、农业灌溉用水是主要原因。根据《2018 年水资源公报》，2018 年黄河总取水量为 516.22 亿 m³，其中地表水取水量 399.05 亿 m³，占总取水量的 77.6%。其中农田灌溉取水量 273.82 亿 m³，占地表水取水量的 68.6%。

综合分析，黄河全流域各时期径流变化均为负值，即与基准期相比各时期年平均流量均有所减少。其变化的成因总体上具有一致性，即水利工程＞土地利用＞气候变化，水利工程和土地利用变化为黄河流域径流减少的主导因素。

4.5 黄河流域水资源对气候变化的敏感性分析

理想状况下，径流量受到水分与能量影响，水分供给与流失综合决定径流量，天然径流对气候变化的敏感性是气候变量的变化对天然径流产生的放大缩小效应。根据某一流域的气候变幅以及其对于水文要素产生的效应影响程度来判断反应是否敏感。敏感性能够反应水资源系统对气候变化的适应能力，可以一定程度上揭示不同研究区域水文要素响应气候变化的机理和差异。而气候因子与水文要素之间常常存在非线性联系，在不同气候或不同下垫面条件下，同样的气候变幅所产生的影响也不尽相同，甚至在同一研究区域，虽然气候变幅保持不变，但当其时空分布以气候要素均值出现变化时，其水文要素变化情况也有所不同，水文要素对气候变化的敏感性研究十分复杂。

在分析敏感性时，通常采用气候弹性系数来判定水文要素对气候变化的敏感性，即气候要素减少（或者增加）一定量，所引起的水文要素减少（或者增加）量。在敏感性研究中，假定的气候变化情景将不改变历史气候的时空分布，而仅是将气象序列进行相应的缩放所得。

在全球变暖背景下，黄河流域气温呈现增加趋势，根据气候变化趋势，可采用假定情景分析水资源系统对气候变化的敏感性。本书运用 LSX - HMS 模式假定了四种情景方案：对历史观测气象数据资料设定气温变化+0.5℃、1.0℃，降水变化±10%，对比分析黄河流域水资源系统对气候变化的敏感性，以期对水资源规划和开发利用具有指导意义。

在水资源系统敏感性研究中，假定的气候变化情景通常由降水变化和气温变化组合构成，则水资源系统对气候变化的敏感度可以用式（4.24）表示。

$$\delta(\Delta P, \Delta T) = \frac{f(P + \Delta P, T + \Delta T) - f(P, T)}{f(P, T)} \times 100\% \tag{4.24}$$

式中：P 为降水；T 为气温；ΔP 为降水变化；ΔT 为气温变化；$f(P, T)$ 为径流与降水、气温的响应函数，通常以模拟的历史径流量来表示；$f(P + \Delta P, T + \Delta T)$ 为模拟的降水变化为 ΔP、气温变化为 ΔT 情况下的径流量；$\delta(\Delta P, \Delta T)$ 为径流对降水变化为 ΔP、气温变化为 ΔT 的敏感度。

显然，在相同的气候变化情景下，响应程度越大，水文要素越敏感；反之则不敏感。敏感性研究可提供气候变化影响的重要信息，对于揭示不同流域水文要素响应气候变化的机理和差异有一定作用。

黄河流域年平均流量对气候变化的敏感性分析结果见表 4.5。

表 4.5　　　　　　　黄河流域年平均流量对气候变化的敏感性分析结果

比 较 项 目		头道拐（上游）		花园口（中游）		利津（下游）	
		流量 /(m³/s)	敏感度 /%	流量 /(m³/s)	敏感度 /%	流量 /(m³/s)	敏感度 /%
降水变化	实测降水	1198.2		2148.6		2227.8	
	减少 10%	1009.7	−15.7	1873.7	−12.8	1937.7	−13.0
	增加 10%	1412.0	17.8	2454.9	14.3	2554.0	14.6
气温变化	实测温度	1198.2		2148.6		2227.8	
	升高 0.5℃	1171.2	−2.2	2123.0	−1.2	2202.3	−1.1
	升高 1.0℃	1148.1	−4.2	2101.2	−2.2	2180.8	−2.1

4.5.1　对降水变化的敏感性

在气温不变的条件下，假定降水减少或增加 10%，分别分析黄河流域上游、中游和下游的径流响应。降水变化情景下 1961—2016 年平均流量对降水变化的响应如图 4.10 所示，黄河流域年平均流量对降水变化的响应结果见表 4.5。可以看出：①降水

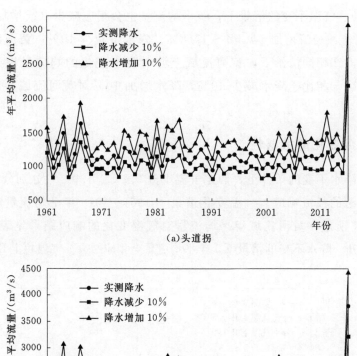

（a）头道拐

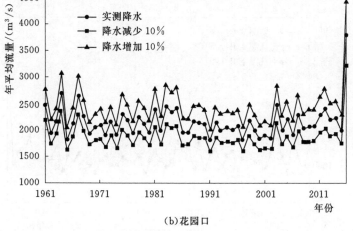

（b）花园口

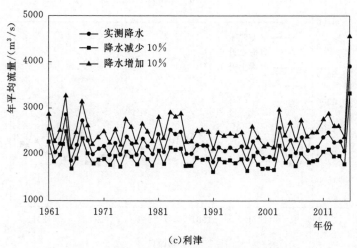

（c）利津

图 4.10　黄河流域年平均流量对降水变化的响应

减少（或增加）、气温不变的情景下，年平均流量也会相应减少（或增加）。降水每增加 10%，黄河流域径流增加 14.3%～17.8%；降水每减少 10%，黄河流域径流减少 13%～15.7%。②相同情景下，黄河流域上游对降水变化的响应最敏感，其次为下游、中游地区。③相比于降水减少 10%，降水增加 10% 对黄河流域各区域径流变化影响更大。

4.5.2　对气温变化的敏感性

同样，在降水不变的条件下，假定气温上升 0.5℃、1.0℃，分别分析黄河流域上游、中游和下游的径流响应。气温变化情景下 1961—2016 年平均流量对气温变化的响应如图 4.11 所示，黄河流域年平均流量对气温变化的响应结果见表 4.5。可以看出：①气温上升、降水不变的情景下，年平均流量会相应减少。气温每上升 0.5℃，黄河

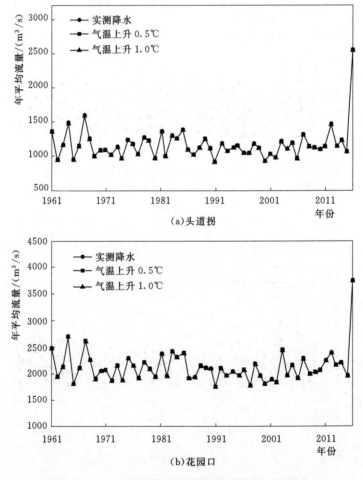

图 4.11（一）　黄河流域年平均流量对气温变化的响应

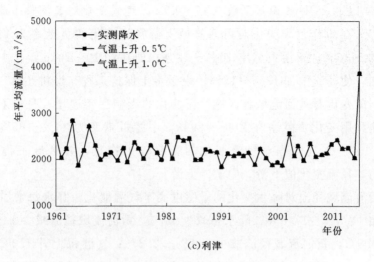

(c)利津

图 4.11（二） 黄河流域年平均流量对气温变化的响应

流域径流减少 1.1%～2.2%；气温每上升 1.0℃，黄河流域径流减少 2.1%～4.2%。②相同情景下，黄河流域上游对气温变化的响应最敏感，其次为中游、下游地区。③上游地区径流对气温变化的响应约为中下游地区的两倍。

对比径流对降水和气温变化的响应，可以看出黄河流域径流对降水变化更敏感，对气温的敏感度较低；分析可能是由于，气温升高一方面增大流域蒸发损失，同时也可在一定程度上加速冰川积雪融化，两者作用相互抵消，使河川径流受气温变化影响较小。黄河流域上游、中游和下游各区域中，上游对降水和气温的响应强度最高，说明高原山地地区对气候变化的敏感度更高。

4.6 本 章 小 结

本章运用 M-K 突变检验和滑动 T 检验法，识别黄河流域径流序列突变点，将径流序列分割为基准期和变化期。构建适用于黄河流域的 LSX-HMS 陆面水文模型系统，定量分析气候变化、土地利用和水利工程等各因素对黄河流域上中下游径流变化的影响。主要结论如下：

（1）1961—2016 年黄河流域上游、中游和下游年平均径流量为 329.7 亿 m³/a、4.23 亿 m³/a、4.86 亿 m³/a，均呈显著减少，且减少速率从上游至下游逐渐增加，分别为 2.25 亿 m³/a、4.23 亿 m³/a、4.86 亿 m³/a。1987 年为黄河各区域径流序列突变点，将黄河流域 56 年径流序列划分为 4 个阶段：1961—1986 年（基准期）、1987—1999 年（变化期Ⅰ）、2000—2009 年（变化期Ⅱ）和 2010—2016 年（变化期Ⅲ）。

（2）构建 LSX-HMS 模式对黄河流域径流模拟效果很好，率定期及验证期 NSE

系数均在 0.84 以上，BIAS 偏差系数 0.97～1.10。气候变化对黄河整个流域的影响差异较小：1987—2009 年气候变化对黄河流域上游径流变化的贡献率为 14％左右，中游贡献率 12％～15％，下游贡献率 10％～12％；但在 2010—2016 年，中游和下游气候上降水增加，使径流增加 12％～15％。由于水土保持工程、退耕还林（草）政策的实施，土地利用变化对黄河流域各区域径流变化的影响逐年递增，且中下游远高于上游；上游土地利用变化贡献率在 21％～29％，中游贡献率为 34％～65％，下游贡献率为 27％～51％。水利工程对径流变化的影响较为稳定，各区域工程贡献率均在 50％上下波动，径流变化值下游＞中游＞上游。

（3）在黄河流域径流对降水变化的敏感度高于气温变化，降水每增加 10％，黄河流域径流增加 14.3％～17.8％；降水每减少 10％，黄河流域径流减少 13％～15.7％。气温每上升 0.5℃，黄河流域径流减少 1.1％～2.2％；气温每上升 1.0℃，黄河流域径流减少 2.1％～4.2％。可能由于，气温升高增大流域蒸发损失，同时也加速冰川积雪融化，两者相互抵消使河川径流受气温变化影响较小。相同情景下，黄河流域上游对降水和气温变化的响应最敏感，上游径流对气温变化的响应约为中下游地区的两倍，说明高原山地地区对气候变化的敏感度更高，中游和下游敏感度相近。

第 5 章　气候变化影响下黄河流域未来水资源量预估

气候变化是造成黄河流域水文过程变化的重要原因，因此有必要对黄河流域开展未来气候变化及水文过程变化规律研究。根据水量平衡原理，研究区域作为一个研究系统，输入降水、气温等相关要素，必然可以获得其对应的径流等水文过程，因此，气象要素变化必然会在一定程度上对径流等水文过程产生直接影响，而定量评判降水气温等输入要素对径流的具体影响程度一直是气候变化影响中一个极为重要的内容。研究气候变化对流域水文过程的影响作用，主要方法是通过研究变化的气象要素（降水、气温等），预测变化条件下径流的增减变化。由于未来气候变化的不确定性，研究均基于"假定"基础展开，得到均为"假定预测值"，通常这种假定未来气候变化称为"情景"。

目前，在气候变化对水文过程的研究中，大部分都采用构建气候变化情景方法，主要构建方法有三种：①假定气候情景。这种方法是直接设定未来研究时段内气象要素的变化量，得到未来气候变化条件下的气象要素值，研究既定气候变化条件下对水文过程的影响作用。②GCMs 模式输出情景。这种方法使用世界各国研究机构开发的大气环流模式，对研究区域的气象要素进行模拟，研究未来水文变化。③选择多模式集合并用对模拟结果进行误差订正，得到不同情景下未来降水和气温等气象资料。

本章采用了 NCEP/NCAR 再分析资料，驱动区域气候模式 WRF，对黄河流域1980—2070 年长时间跨度的气候展开模拟研究，并与第 4 章构建的黄河流域陆面水文模式耦合，重点预测分析黄河流域未来径流变化。通过 91 年的动力降尺度模拟，以评估区域气候模式对黄河流域的动力降尺度模拟能力，并预估黄河流域气候与水资源变化规律。

5.1　研究资料及方法

5.1.1　CMIP-5 资料

20 世纪以来，随着全球变暖趋势的进一步加剧，极端气候事件的频繁发生已经严重制约了人类社会、经济的发展和进步，造成巨大的经济损失和人员伤亡[55]。极端气温作为一种极端气候事件，各国气象学家从不同角度做了研究，结果表明，在全球变暖背景下，随着气温的升高，极端气温事件变化具有明显的区域性，表现出日夜增温不对称的变化特征，极端气温事件的频率和强度发生了显著的变化[56,57]。因此评估气候变化，尤其是涉及极端气温的变化，成为科学研究的前沿课题，在国内外学术界受到了越来越多的重视。

全球气候模式（GCM）是进行气候模拟和预估未来气候变化的重要工具[58-60]。模式对当前气候模拟能力的好坏，直接影响对未来预估的准确性。由于受气候系统的复杂性以及气候模式的不确定性等影响，全球模式对极端气温变化的模拟能力存在一定的不足，因此在对未来气候变化进行预估之前，有必要从多时空尺度定量评估其对当前极端气温变化的模拟能力[61]。IPCC 第四次评估报告（AR4）指出，当前的模式基本上能模拟出全球降水的大尺度变化特征，但在区域性降水的模拟方面仍存在很多不足[62]。此外，由于受季风气候和青藏高原大地形等因素的影响，中国地区降水变化异常复杂，如何准确地模拟、预测中国地区的降水特征一直是中国气象学者关注的问题。

世界气候研究计划（WCRP）的第五阶段耦合模式比较计划（CMIP-5）提供了来自全球 30 多个模式开发机构的近 50 多个气候模式对当前模拟和未来预估的数据（表 5.1），这些数据可以用来评估不同模式对区域极端气温事件的模拟能力，以及未来变化的预估。相比于前几个阶段的 CMIP 模式，大部分 CMIP-5 模式在分辨率、参数化方案以及耦合器技术等多方面进行改进，并且很多模式首次考虑到碳氮循环、气溶胶效应以及动态植被过程[63,64]。众多学者利用这些模式的结果，评估了 CMIP-5 模式对极端气温事件的模拟能力，并指出 CMIP-5 模式对极端气温的模拟能力相比于 CMIP-3 有显著提高[65-68]。

表 5.1　　　　　　　　　43 个 CMIP-5 全球气候模式基本信息

序号	模 式 名 称	单位及所属国家	水平格点数
1	ACCESS1-0	CSIRO-BOM，澳大利亚	192×145
2	ACCESS1-3	CSIRO-BOM，澳大利亚	192×145
3	BCC-CSM1-1	BCC，中国	128×64
4	BCC-CSM1-1-m	BCC，中国	320×160
5	BNU-ESM	GCESS，中国	128×64
6	Can CM4	CCCMA，加拿大	128×64
7	Can ESM2	CCCMA，加拿大	128×64
8	CCSM4	NCAR，美国	288×192

续表

序号	模式名称	单位及所属国家	水平格点数
9	CESM1 – BGC	NSF – DOE – NCAR，美国	288×192
10	CESM1 – CAM5	NSF – DOE – NCAR，美国	288×192
11	CESM1 – CAM5 – 1 – FV2	NSF – DOE – NCAR，美国	192×96
12	CESM1 – FASTCHEM	NSF – DOE – NCAR，美国	288×192
13	CESM1 – WACCM	NSF – DOE – NCAR，美国	144×96
14	CMCC – CESM	CMCC，意大利	96×48
15	CMCC – CM	CMCC，意大利	480×240
16	CMCC – CMS	CMCC，意大利	192×96
17	CNRM – CM5	CNRM – CERFACS，法国	256×128
18	CSIRO – Mk3 – 6 – 0	CSIRO – QCCCE，澳大利亚	192×96
19	FGOALS – g2	LASG – CESS，中国	128×60
20	FGOALS – s2	LASG – IAP，中国	128×108
21	FIO – ESM	FIO，中国	128×64
22	GFDL – CM3	NOAA GFDL，美国	144×90
23	GFDL – ESM2G	NOAA GFDL，美国	144×90
24	GFDL – ESM2M	NOAA GFDL，美国	144×90
25	GISS – E2 – H	NASA GISS，美国	144×90
26	GISS – E2 – H – CC	NASA GISS，美国	144×90
27	GISS – E2 – R	NASA GISS，美国	144×90
28	GISS – E2 – R – CC	NASA GISS，美国	144×90
29	Had CM3	MOHC，英国	96×73
30	Had GEM2 – AO	NIMR/KMA，韩国/英国	192×145
31	INMCM4	INM，俄罗斯	180×120
32	IPSL – CM5A – LR	IPSL，法国	96×96
33	IPSL – CM5A – MR	IPSL，法国	144×143
34	IPSL – CM5B – LR	IPSL，法国	96×96
35	MIROC5	MIROC，日本	256×128
36	MIROC – ESM	MIROC，日本	128×64
37	MIROC – ESM – CHEM	MIROC，日本	128×64
38	MIROC4h	MIROC，日本	640×320
39	MPI – ESM – LR	MPI – M，德国	192×96
40	MPI – ESM – MR	MPI – M，德国	320×160

续表

序号	模式名称	单位及所属国家	水平格点数
41	MRI－CGCM3	MRI，日本	320×160
42	Nor ESM1－M	NCC，挪威	144×96
43	Nor ESM1－ME	NCC，挪威	144×96

因此，本书基于 GCM 第五阶段耦合模式比较计划（CMIP－5）对中国区域极端气温的模拟能力，从中挑选出对中国气候平均态模拟效果较好的三个全球气候模式 MIROC5、MPIESM、NorESM。模式数据的时间段为 1980—2070 年，1980—2016 年为现代气候态，2021—2070 年结果为未来气候态，并统一降尺度到 $0.25° \times 0.25°$ 格点上，详细信息见表 5.2。

表 5.2　　　　　　　　　　　选用模式详细模拟信息

气候模式	所属国家	水平格点数	模拟时段	RCP情景	降尺度分辨率
MIROC5	日本	256×128	1980—2070 年	RCP2.6、RCP8.5	$0.25° \times 0.25°$
MPI－ESM	德国	192×96			
Nor ESM	挪威	144×96			

由于受到人口、能源结构和经济增长的影响，CMIP－3 采用的 SRES 情景对全球温室气体其他减排的真实情况反映效果不佳，无法体现出气候公约中出于稳定大气温室气体浓度的目标。因此，2007 年 IPCC 提出了新的情景，即"典型浓度路径"（representative concentration pathways，RCPs）。典型排放路径定义了不同情景辐射强迫，未来情景中社会经济的假定和排放结果归纳为关于气体和气溶胶的辐射强迫作用的 RCP 净全球辐射强迫路径。典型排放路径未来情景试验依据对未来发展的诸多假设模拟出未来排放情景，包括 RCP8.5、RCP4.5 和 RCP2.6 等。本书选取其中的两种路径：

（1）缓和型路径 RCP2.6。采用中等排放基准，假设全球所有国家均限制温室气体的排放，把全球平均气温上升限制在 2.0℃ 之内，辐射强迫在 2100 年之前达到峰值，到 2100 年减少至 2.6 W/m^2。

（2）高端路径 RCP8.5。假定人口最多、技术革新速度慢、能源改善缓慢，收入增长速度放缓，到 2100 年辐射强迫上升至 8.5 W/m^2，表现为高排放情景。

5.1.2　动力降尺度模式

GCM 空间分辨率较低，很难准确描述区域尺度气候特点和区域内部的气候差异，将 GCMs 输出结果直接应用到中国区域气候评估研究会存在较大的偏差，因此需通过动力降尺度方法来获得较为准确的区域气候变化信息。

本书选择气象研究与预报模式（weather research and forecasting，WRF）来进行动力降尺度模拟研究，该模式是由美国国家大气研究中心（NCAR）和国家环境预报中心（NCEP）等部门联合开发的新一代中尺度数值天气预报系统，它的特点是两种动力核心，有一个资料同化系统以及可并行计算和系统扩充的软件架构。WRF 分为 ARW（the advanced research WRF）和 NNM（the non - hydrostatic mesoscale model）两种动力核心，分别用于研究应用和业务使用，本书使用其中的 WRF（ARW）。

模式物理过程参数化方案遴选时，使用 ERA-Interim 资料驱动 WRF 进行历史气候模拟，确定模式性能较好的方案组合见表 5.3。

表 5.3 　　　　　　　　　　　　　物 理 参 数 化 方 案

物 理 过 程	参 数 化 方 案
微物理过程	P3 1 - category scheme
积云对流参数化	new GFS simplified Arakawa - Schubert scheme
长波辐射	RRTMG
短波辐射	RRTMG
陆面过程	Noah - MP
行星边界层	ACM2（Pleim）scheme
近地层方案	revised MM5 Monin - Obukhov scheme

5.1.3　评估及订正方法

1. 泰勒图

泰勒图以图形化的方式呈现模式值与观测值的相似程度广泛应用于数据精度评估。泰勒图通过量化相关性、中心化的均方根误差（root mean square，RMS）和标准差的比率之间的关系来评估不同模式集合的精度或者单个模式精度变化特征。

为评估模式模拟结果对黄河流域气象的模拟性能，全面直观地比较动力降尺度前后各模式对流域极端气温指数空间结构的模拟能力，本书引入泰勒图分析方法比较降尺度前后模式模拟的极端气温空间结构与观测的一致性。泰勒图是由模拟与观测场的空间相关系数、相对标准差及其中心化的均方根误差组成的极坐标图。空间相关系数能够表示模式模拟结果对于观测场中主要中心位置的模拟能力，见式（5.1）；均方根误差代表模式模拟结果与观测的形态相似性，值越小表示模拟的能力越好，见式（5.2）；标准差则表示对变量离散程度的模拟能力，见式（5.3）。将这 3 个统计量显示在一张图（泰勒图）中可以较为全面地反映多个模式的模拟能力。泰勒图中画出的均方根误差和标准差都是经过了标准化的处理，即与观测数据的标准差的比值。中心化的均方根误差越接近 0，空间相关系数和相对标准差越接近 1，模式模拟能力越好。

空间相关系数公式如下：

$$COR = \frac{\sum_{i=1}^{n}(x_i - \overline{x})}{\sqrt{\sum_{i=1}^{n}(x_i - \overline{x})^2 \sum_{i=1}^{n}(y_i - \overline{y})^2}} \tag{5.1}$$

模拟场与观测场的中心化均方根误差公式如下：

$$RMSE = \sqrt{\frac{1}{n}\sum_{i=1}^{n}(y_i - \overline{y})^2(x_i - \overline{x})^2} \tag{5.2}$$

式中：$\overline{x}$、$\overline{y}$ 分别为观测场和模拟场的区域平均值；x_i、y_i 分别为两个平均场各格点上的观测值和模拟值；n 为格点数。

标准差公式如下：

$$STD = \sqrt{\frac{1}{n}\sum_{i=1}^{n}(x_i - \overline{x})^2} \tag{5.3}$$

式中：x_i 为某一年的观测值或模拟值；$\overline{x}$ 表示观测或模拟的年平均值；n 为年数。

2. Delta 法

与全球气候模式相比，区域气候模式采用更为复杂的物理参数化方法来描述较小尺度下的大气物理过程。然而，由于大气系统混沌复杂的本质，以及模式计算力、分辨率等因素的限制，瞬时过程往往不能精确测量，物理规律也只能近似表示，导致区域气候模式无法完全实现大气运动状态的精细求解，其气象要素输出结果可能具有较大的误差和不确定性，难以直接用于科学研究和业务预报。因此，有必要进行降尺度来弥补该不足。

常用的降尺度方法包括动态降尺度和统计降尺度等。动态降尺度是通过嵌套精细分辨率的区域气候模式（regionalclimate models，RCMs）以产生更精细的全球气候模式，而统计降尺度是通过建立和应用大尺度大气变量和局部气候变量之间的历史统计关系获得更高分辨率的模式结果，具有更高的计算效率。Delta 降尺度是一种统计降尺度方法，用于修正气温变量（TG、TX 和 TN）模式结果的偏差。其原理是将历史时段内气象要素的模拟值和观测值的差值或比例作为参数叠加到该气象要素未来时段的模拟值上。对于降水，Delta 法的表达式为

$$P_f = P_{f,sim}\frac{P_{h,obs}}{P_{h,sim}} \tag{5.4}$$

式中：$P_{h,obs}$ 为降水历史观测值；$P_{h,sim}$ 为降水历史模拟值；$P_{f,sim}$ 为降水未来模拟值；P_f 为订正后得到的未来降水。

对于气温，Delta 法的表达式为

$$T_f = T_{f,sim} + (T_{h,obs} - T_{h,sim}) \tag{5.5}$$

式中：$T_{h,obs}$ 为气温历史观测值；$T_{h,sim}$ 为气温历史模拟值；$T_{f,sim}$ 为气温未来模拟值；T_f 为订正后得到的未来气温。

5.2　模　式　评　估

使用 CMIP-5 的全球气候模式结果作为区域模式的强迫场，进行高分辨率区域气候模拟。全国站点观测资料利用反距离权重法插值到分辨率为 $0.25° \times 0.25°$ 的格点上。区域气候模式在历史基准期（1980—2016 年）逐日降水、气温资料，与同时段全国站点观测资料进行对比分析。图 5.1 能够反映黄河流域 3 个全球气候模式 MIROC5、

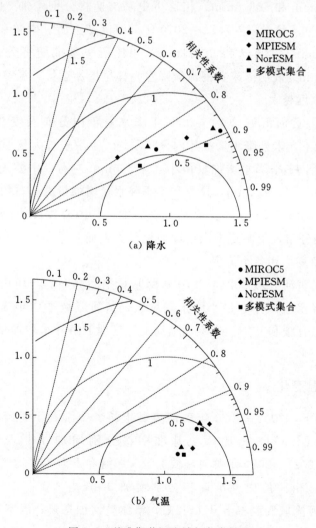

（a）降水

（b）气温

图 5.1　基准期黄河流域气象泰勒图

MPIESM、NorESM 和多模式集合模拟结果与观测年平均降水和年平均气温的空间相关系数、均方根误差和标准差。从图中可以看出，多模式集合对降水的相关性系数最大为 0.89，中心化的均方根误差最小；MIROC5 和多模式集合对气温的模拟性能接近，相关性系数较大约为 0.99，中心化的均方根误差较小。因此，多模式集合对降水和气温的综合模拟能力优于单一模式。

5.3　未来气候变化规律

5.3.1　未来降水变化

RCP2.6 情景下，2021—2070 年黄河流域上游、中游和下游年平均降水分别为 454.8mm，552.8mm 和 668.8mm，相比历史基准期将分别增加 54.9mm，20.4mm 和 49.7mm；RCP8.5 情景下：2021—2070 年黄河流域上游、中游和下游年平均降水分别为 458.3mm，557.2mm 和 661.1mm，相比历史基准期将分别增加 58.3mm，24.7mm 和 42.0mm。表明未来黄河流域降水整体呈增加态势；温室气体排放量越大，年降水量的增加幅度越大。

图 5.2 展示了黄河流域 2021—2070 年降水量年内分布及变化量。RCP2.6 和 RCP8.5 两种情景下，未来降水增加年内分布不均，上游表现为夏季降水增加量最大，为 28.6～29.7mm，冬季降水增加量微小，为 3.0mm 左右；中游表现为春季和秋季降水增加量大，为 6.2～9.2mm，夏季和冬季降水量增加量微小，约 3.0mm；下游除夏季降水量减少 3.0～5.8mm，其他月份均增加，其中春季降水增加量最大，约为 30.0m。降水年内分布，上游夏季降水增加量最大，而冬季偏少，中游和下游春季降水增加量最大，而夏季和冬季偏少。

图 5.3 展示了黄河流域 2021—2070 年降水量空间分布。与历史观测降水分布一致，但流域最大降水量减小，最小降水量增大，黄河流域平均年降水量变化范围缩小，即极值现象略有缓和[69-71]。在空间格局上，呈现上游降水增加量较大，中游降水增加量较少。

5.3.2　未来气温变化

RCP2.6 情景下，2021—2070 年黄河流域上游、中游和下游年平均气温分别为 4.5℃，10.3℃ 和 14.8℃，相比历史基准期将分别增加 1.1℃，1.1℃ 和 1.0℃；RCP8.5 情景下：2021—2070 年黄河流域上游、中游和下游年平均气温分别为 5.4℃，11.2℃ 和 15.7℃，相比历史基准期将分别增加 2.1℃，2.0℃ 和 1.9℃。表明未来 2021—2070 年黄河流域气温将上升 1～2℃，整体呈增加态势；温室气体排放量越大，年平均气温的增加幅度越大。

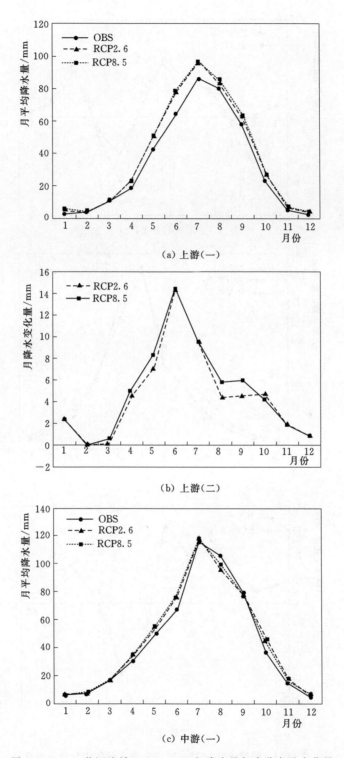

（a）上游（一）

（b）上游（二）

（c）中游（一）

图 5.2（一） 黄河流域 2021—2070 年降水量年内分布及变化量

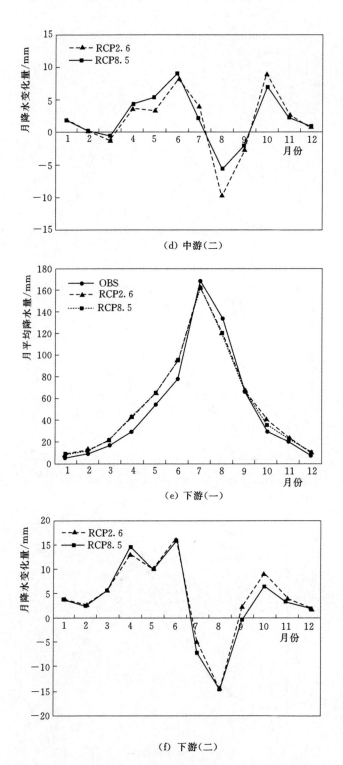

图 5.2（二）　黄河流域 2021—2070 年降水量年内分布及变化量

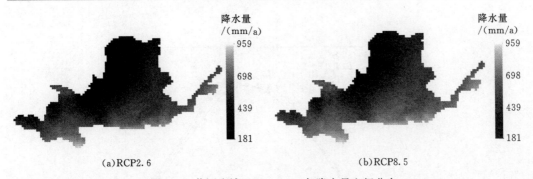

（a）RCP2.6 　　　　　　　　　　　　　（b）RCP8.5

图 5.3　黄河流域 2021—2070 年降水量空间分布

图 5.4 展示了黄河流域 2021—2070 年平均气温年内分布及变化量。未来 RCP2.6
情景下，黄河流域春季升温 0.8℃左右，夏季升温 1.1～1.3℃，秋季升温 1.0～
1.1℃，冬季升温 1.2～1.4℃。RCP8.5 情景下，黄河流域春季升温 1.6～1.7℃左右，
夏季升温 1.9～2.1℃，秋季升温 1.9～2.1℃，冬季升温 2.1～2.5℃。气温年内分布
整体呈现春季和秋季升温略低，夏季和冬季升温略高。

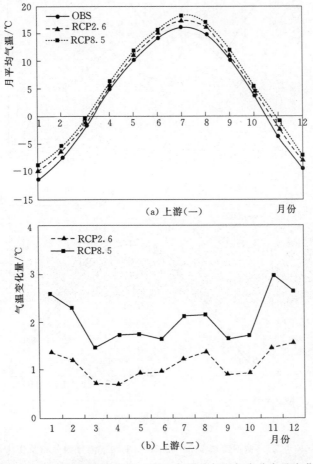

（a）上游（一）

（b）上游（二）

图 5.4（一）　黄河流域 2021—2070 年平均气温年内分布及变化量

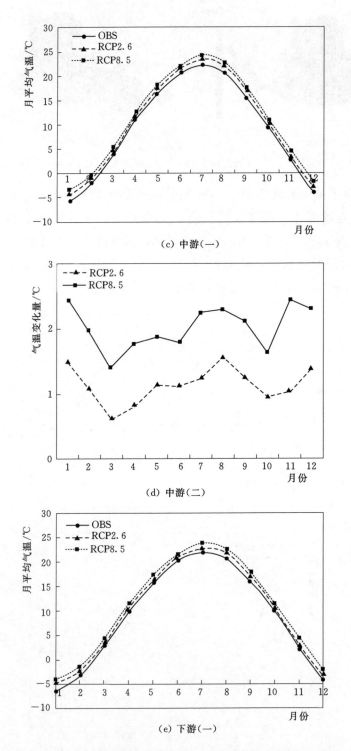

（c）中游（一）

（d）中游（二）

（e）下游（一）

图 5.4（二）　黄河流域 2021—2070 年平均气温年内分布及变化量

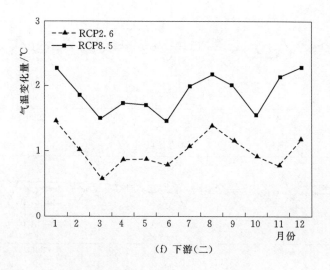

（f）下游（二）

图 5.4（三） 黄河流域 2021—2070 年平均气温年内分布及变化量

图 5.5 展示了黄河流域 2021—2070 年平均气温空间分布。与历史观测气温分布一致，但流域最低气温和最高气温均增大。在空间格局上，在两种 RCP 情景下流域下游年平均气温增加量最少。

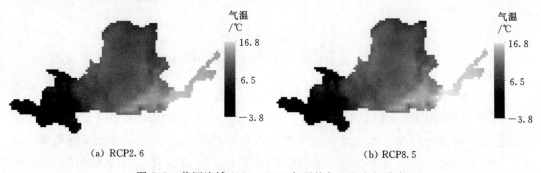

（a）RCP2.6 　　　　　　　　　　　　　（b）RCP8.5

图 5.5 黄河流域 2021—2070 年平均气温的空间分布

5.4 气候变化下水资源量预估

利用 RCP2.6 和 RCP8.5 两种情景下未来气象数据驱动陆面水文模式 LSX - HMS，模拟气候变化影响下黄河流域未来 2022—2070 年的天然径流过程。

图 5.6 展示了黄河流域 2022—2070 年径流变化趋势。从图中可以看出，未来 2022—2070 年黄河流域兰州、头道拐和花园口年径流量均呈增加的趋势，且 RCP2.6 情景下年径流量呈不显著上升趋势，RCP8.5 情景下年径流量呈显著上升趋势。因此，未来黄河流域水量可能增多，可适当修建蓄水工程[72-76]，保证水资源充分利用。

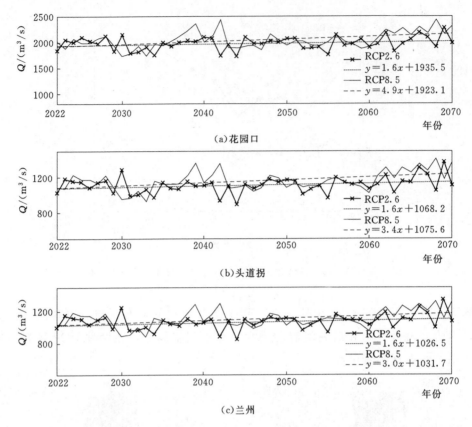

图 5.6　黄河流域 2022—2070 年径流变化趋势

图 5.7 分别展示了黄河流域 2022—2070 年径流年内分布及变化。从图中可以看出，RCP2.6 和 RCP8.5 情景下，未来 2022—2070 年黄河流域径流年内分布与历史基准期径流年内分布过程基本一致。其中 RCP2.6 情景下，8—9 月径流比基准期略有减少，其他月份径流均表现为增加；RCP8.5 情景下，7—9 月径流比基准期明显减少，4—5 月和 10 月径流比基准期明显增加，其他月份径流略有增加。总体上，除 RCP2.6 情景下花园口未来径流减少约 23.3m³/s，其余情况下径流均较历史基准期增加，但变化量较小；且径流增加量，从上游至下游逐渐减少；随着温室气体排放量越大，年径流量的增加幅度越大。

我们进一步分析了汛期（7—10 月）、非汛期（11 月至次年 6 月）及全年平均径流变化量，见表 5.4。对于汛期，在气候变化的影响下，气候变化可以使兰州汛期径流增加 1.3%～4.6%，使头道拐汛期径流增加 -0.5%～3.3%，花园口汛期径流减少 4.2%～5.9%。未来黄河流域汛期前期径流有减少的风险，应注重节约水源，水库可适当提前蓄水[77,78]；汛末径流有增加的风险，可弥补汛初减少的水量，应加强水资源利用，并注意防范洪水灾害[79-82]。

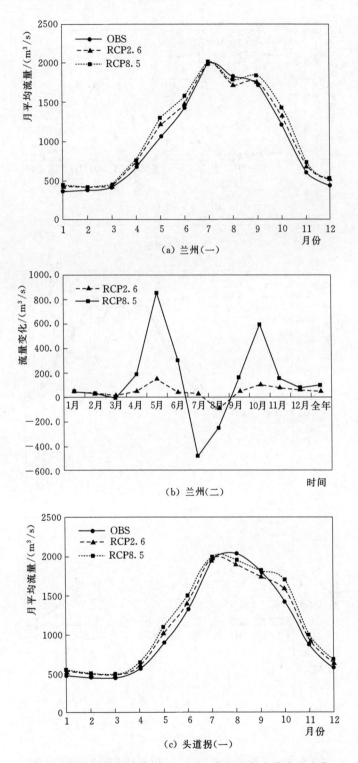

图 5.7（一） 黄河流域 2022—2070 年径流年内分布及变化

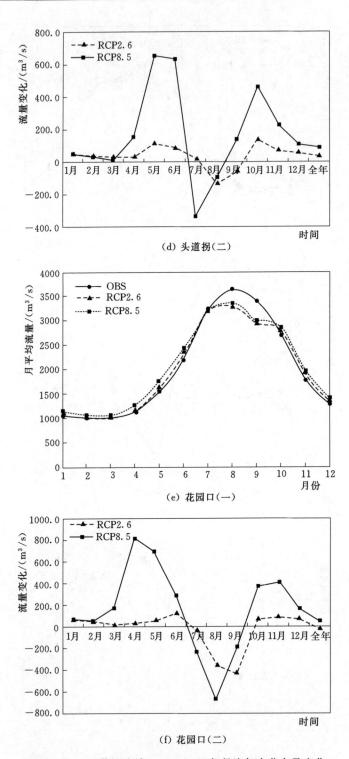

（d）头道拐（二）

（e）花园口（一）

（f）花园口（二）

图 5.7（二）　黄河流域 2022—2070 年径流年内分布及变化

对于非汛期，在气候变化的影响下两个RCPs情景下流域大部分区域未来的非汛期径流都将增加。气候变化可以使兰州非汛期径流增加9.3%~14.0%，使头道拐非汛期径流增加8.7%~14.6%，花园口非汛期径流增加4.4%~9.8%。

在气候变化影响下，花园口水文站除了RCP2.6和RCP8.5情景下的7—9月以外，流域的月平均流量普遍增加。其中，RCP8.5情景下，4—6月和10—11月的径流量增加幅度最明显。在RCP2.6情景下，气候变化使花园口汛期流量减少了192.0m³/s（5.9%），非汛期流量增加了61.2m³/s（4.4%），年最大月平均流量从3629.3m³/s减少到3275.5m³/s，最小月平均流量从1012.6m³/s增加到1042.2m³/s；RCP8.5情景下，气候变化使花园口汛期流量减少了136.0m³/s（4.2%），非汛期流量增加了135.0m³/s（9.8%），年最大月平均流量减少到3356.6m³/s，最小月平均流量增加到1078.9m³/s。

表5.4   黄河流域未来月平均径流变化量

时间	RCP2.6径流变化量/(m³/s)			RCP8.5径流变化量/(m³/s)		
	兰州	头道拐	花园口	兰州	头道拐	花园口
1月	46.9	47.8	63.5	41.3	47.8	73.8
2月	37.1	37.1	48.4	30.7	28.9	51.4
3月	14.9	29.1	19.3	−6.3	13.1	170.1
4月	55.2	27.8	23.9	187.0	149.9	813.2
5月	158.7	123.5	50.6	847.4	655.8	690.9
6月	49.9	91.8	116.2	305.9	631.8	287.0
7月	35.6	20.7	−40.7	−473.8	−325.8	−226.0
8月	−99.0	−130.9	−353.8	−257.8	−96.9	−670.6
9月	44.3	−62.7	−441.6	157.8	134.2	−204.6
10月	109.8	137.1	67.9	588.9	453.0	365.6
11月	83.9	71.7	93.2	156.4	221.1	411.0
12月	56.6	55.9	74.9	79.0	100.9	172.9
汛期	22.7	−8.9	−192.0	77.9	59.7	−136.0
非汛期	62.9	60.6	61.2	95.3	102.4	135.0
全年	49.5	37.4	−23.2	89.5	88.2	44.7

5.5 本 章 小 结

本章运用CMIP-5的MIROC5、MPIESM、NorESM模式开展动力降尺度研究，分别利用全国气象站观测资料和MIROC5、MPIESM、NorESM及多模式集合评估了各模式在黄河流域的适用性[83]，并优选集合模式驱动陆面水文耦合模式LSX-HMS，定量分析气温、降水等气候变化规律，及其对黄河流域径流量的影响，最终对气候变化下黄河流域未来水资源演变趋势进行预估。可以为气候变化背景下流域水资源的可持续开发和利用提供一定科学依据。获得的主要结论如下：

（1）区域气候模式 MIROC5、MPIESM、NorESM 以及多模式集合中，多模式集合对黄河流域降水和气温的综合模拟能力优于单一模式[84-86]，模拟效果相对较好。

（2）2021—2070 年黄河流域上游、中游和下游年平均降水，RCP2.6 情景比历史基准期将分别增加 54.9mm，20.4mm 和 49.7mm；RCP8.5 情景比历史基准期将分别增加 58.3mm，24.7mm 和 42.0mm。2021—2070 年黄河流域上游、中游和下游年平均气温，RCP2.6 情景比历史基准期将分别增加 1.1℃、1.1℃ 和 1.0℃、RCP8.5 情景比历史基准期将分别增加 2.1℃、2.0℃ 和 1.9℃。表明未来黄河流域降水和气温整体呈增加态势；温室气体排放量越大，年降水量和气温的增加幅度越大。

（3）降水年内分布，上游夏季降水增加量最大，而冬季偏少，中游和下游春季降水增加量最大，而夏季和冬季偏少。气温年内分布整体呈现春季和秋季升温略低，夏季和冬季升温略高。在空间格局上，降水和气温空间分布与历史观测值一致，上游降水和气温增加量较大，中游降水增加量最少，下游气温增加量最少。

（4）未来 2022—2070 年 RCP2.6 情景下黄河流域兰州、头道拐和花园口年径流量呈不显著上升趋势，RCP8.5 情景下年径流量呈显著上升趋势。除 RCP2.6 情景下花园口未来年平均流量减少约 23.3m³/s，其他情况下径流较历史基准期均增加，且径流增加量从上游至下游逐渐减少。

（5）气候变化影响下，未来径流年内分布与历史基准期基本一致，但 RCP2.6 情景下，8—9 月径流减少，RCP8.5 情景下，7—8 月径流减少。未来黄河流域汛初径流有减少的风险，应注重节约水源，并适当调节水库蓄水时机。

（6）两个 RCPs 情景下流域大部分区域未来汛期和非汛期径流都将增加。气候变化使兰州汛期径流增加 1.3%～4.6%，非汛期径流增加 9.3%～14.0%；头道拐汛期径流增加 -0.5%～3.3%，非汛期径流增加 8.7%～14.6%；花园口汛期径流减少 4.2%～5.9%，非汛期径流增加 4.4%～9.8%。

第6章 黄河流域应对气候变化对策

6.1 国内外水资源领域应对气候变化动态调研

水资源领域与气候变化关系密切，全球气候变化对世界各国水资源产生了很大影响，降水和水资源时空分布更加不均，冰川融化加快，暴雨干旱等极端事件增多等[87-92]。水资源领域作为国际应对气候变化影响的核心领域之一，受到各国政府与各种机构的重视。近几十年来，许多国家根据自身水资源现状以及发展阶段，提出和制定了各自的水资源应对气候变化对策[93-97]，积累了丰富的经验，值得我们吸收和借鉴。

本章总结了气候变化背景下国内外水资源领域应对气候变化的相关战略思路和对策措施[98-104]，并对典型国家特别是发达国家气候变化条件下水资源应对策略及典型案例进行了梳理[105-112]。国内外经验的总结和分析，对黄河流域应对气候变化总体策略和对策措施的制定具有重要的参考价值和指导意义。

6.1.1 国际水资源领域应对气候变化发展动态

IPCC第五次评估报告进一步强调了气候变化日益凸显的全球影响，正成为当前全球面临的最严峻挑战之一。随着世界各国对气候变化认识的逐步加深，在水资源领域，很多国家经过多年的探索和实践，从"政策法规—战略方针—适应性和风险管理"三个层面制定了一套自上而下的水资源应对策略[113-120]，用来积极应对气候变化的影响、保障水资源安全。

6.1.1.1 相关政策、法规和机构框架的制定和调整

将"应对气候变化影响"全面纳入水资源领域相关政策、法规和机构框架的制定或调整中。不管是国家层面，还是地方层次，政策、法规和机构框架应该共同作用，支持或保障应对气候变化。制定一套行之有效的应对气候变化战略的前提条件应包括不同层级实施者的合作、国家层面有力的政治承诺、一致的目标、公众参与等[121-123]。由于气候变化改变了政策、法规、机构框架确立时的气候稳态假设条件，因此在保持现有政策的实施和法规的执行的同时，需要对现行的政策、法规、机构框架进行评估，并作出必要的调整。

1. 政策制定和调整

政策制定和调整的目的是为不同层面适应气候变化创造实施环境。许多与水相关的政策或管理措施主要针对短期、季节性和年际间气候波动的风险，如气候和环境条件决定的防洪、干旱等问题[124-128]。这些政策通常认为气候或环境条件是稳态的或基本不变的。无论国家层面还是地方层面的政策制定者都必须认识到，受气候变化的影响，制定这些政策的条件是不稳定的、变化的。在这种条件下，制定或调整受气候变化直接或间接影响的政策、增加其适应气候变化条件的能力和灵活性是目前世界各国的普遍做法[129-131]。通过纳入和建立稳定有效的适应政策框架，把气候变化的应对融合到各部门的规划制定中，建立包括个体、社区、地方政府、中央（联邦）政府不同层面有效沟通机制。

2. 法律法规评估和改进

为应对气候变化还需要评估和改进现有的法律法规。现有的法规可能阻碍未来的适应，因此需要从地方到国家层面，对现有法规支撑和应对气候变化的能力进行评估[132-135]。必要的情况下，需要改革现有的法规，增加其灵活性，使其适应环境和经济社会变化，有能力应对将来气候变化的影响。例如，随着水需求增加和常规水资源短缺，将导致增加新的非传统水源，如增加污水或中水的利用。在安全健康等方面，相关法规都需要进行补充或调整。

3. 机构框架制定和调整

地方到国家层面机构体系中的气候变化应对职能和能力对有效实施适应战略和对策至关重要。很多国家通常从界定每个机构的作用和职责入手，重点关注极端事件的应对；通过深入分析不同适应环节，评估现有机构的差距，完善机构框架[136,137]。除此之外，所有相关的行政管理机构，包括地方水管理机构，都参与到应对战略的制定中，流域机构通常负责制定本流域的适应战略，并跟踪评估战略规划实施的效果。

6.1.1.2　水资源领域应对气候变化战略的制定

美国环境保护署（EPA）在 2012 年公布了应对气候变化的国家水项目战略，该战略的核心领域包括水基础设施、流域和湿地、沿海和海洋、保护水质与部落的协调，强调气候变化已对美国的水资源造成了重大挑战，应评价和管理气候变化带来的风险，并把适应纳入核心领域中。该战略还同时提出了每个领域的愿景（蓝图）、反映长期愿景的主要目标，以及实现每个目标的战略行动内容，并制定了跨领域和各级政府之间的支撑和协调机制。

英国环境部 2009 年发布了国家水资源战略，特别将适应和减缓气候变化作为单独一章进行阐述。其应对气候变化的战略包括减少现有水资源压力，提高水系统弹性，具体对策措施包括：通过节约用水，实现减少温室气体排放；减少气候变化对生态系统脆弱性的影响；提高供水系统应对气候变化影响的恢复能力；保护关键基础设施；信息更完备的决策等方面。

除了美、英等发达国家，很多发展中国家也制定了应对气候变化的战略，适应气候变化对水资源的影响。埃及水资源和灌溉部从国家决策层面制定了一套适应气候变化的战略。该战略确定了气候变化对埃及水资源影响的风险，主要包括：干旱和缺水（高风险）、洪水增加（低风险）、水消耗增加（高风险）和海平面升高（高风险）；适应战略包括基于无悔或低悔措施的工程建设和技术管理干预。具体措施包括：海水或咸水的淡化、增加地下水开采、雨水或洪水的收集工程、农业退水或污水的回用、现代化水控制和灌溉系统等。

6.1.1.3 水资源综合管理的加强

国际社会呼吁通过加强水资源综合管理应对气候变化的影响。在气候环境背景下，为实现和维系水资源的安全，水管理的方法必须统筹不同用水户、利用方式以及对资源影响等方面，并能反映水循环的综合特性，水资源综合管理就是这样的方法[138-142]。

1992年里约热内卢地球峰会上首次提出了综合管理的方法，在2002年的可持续发展全球峰会上被再次重申。目前水资源综合管理作为全球水资源领域应对气候变化的成功实践被各国广泛采用。其明确地意识到在水管理中需要安排和管理不可避免的各方之间用水的权衡或取舍，不同用水之间的相互影响，一种水资源的利用可能影响到另一种利用，而所有的水资源利用是基于一个统一的水资源基础[143]。随着社会其他部门的变化，水资源管理的方法也需要改变，且不存在一成不变的应对方法。

气候变化是水资源管理的重要驱动因素之一。世界各国实践证明，成功的水资源综合管理战略包括：充分考虑气候变化情况下，跟踪社会的先进理念；更新的规划过程；实现水资源和土地资源的协调；统筹水量和水质；实施地表水和地下水的联合应用；保护和修复自然系统；统筹供水与需水管理。

6.1.1.4 水灾害风险管理的加强

随着气候变化导致极端事件的日益增多，以及未来极端性气候事件发生概率的进一步增加，世界各国开始关注和强调水灾害的风险管理。IPCC专门发布了《管理极端事件和灾害风险推进气候变化适应》特别报告，报告为各国决策者应对极端气候事件，提高气候变化适应能力奠定了重要基础。世界各国也逐渐摸索和总结出了水资源领域极端气候和灾害风险管理的诸多经验，主要包括以下内容：

（1）减少暴露区的数量和降低暴露区的脆弱性。理解暴露区和脆弱性的变化规律如何影响灾害风险的发生，有助于制定和实施有效的适应与应对措施。

（2）将气候变化适应策略纳入国家和部门的发展决策中，并且在暴露区将这些计划和策略付诸行动。

（3）均衡发展地方层面应对和适应灾害风险的能力，国家体系的各个组成部分与地方政府协同解决灾害风险管理相关问题。

（4）增强灾后暴露区恢复力，制定和实践着眼于暴灾后重建以及民生恢复等可持续发展的长远政策。

（5）在地方、国家、区域和全球范围内，通过提供财政支持恢复民生和灾后重建，降低暴露区脆弱性和灾害风险，增强气候变化适应性。

（6）跟踪暴露区和脆弱性的时空变化，设计和实施关于适应性和灾害风险管理的方针和政策，并采取有效的应对措施。

6.1.2　我国水资源领域应对气候变化发展动态

应对气候变化为"舶来品"，在相当长一段时间内，中国都定位为跟随者和学习者，相关政策和工具的制定与应用也是如此。"十三五"时期，习近平总书记多次指出"要坚持和平发展道路，推动构建人类命运共同体要坚持环境友好，合作应对气候变化"。我国应把应对气候变化作为推动构建人类命运共同体的重要内容。目前中国已经拥有了门类齐全覆盖面广泛的气候政策，不仅有行政指令性政策和试点示范优良实践，也有经济激励、直接法律法规和标准、低碳研发科技等政策，也拥有与气候政策密切相关的电力市场化改革、税费改革等相关政策。中国已逐步走出了气候政策跟随者阶段，开始成为各领域应对气候变化的引领者。

6.1.2.1　政策体系与法律法规

中国政府针对现阶段水资源问题及治水实践过程，在水资源重点领域开展了大量适应工作并取得了重要进展，已逐步开展相关适应性技术的研究，形成了相对完整且符合中国国情、有效贡献于国内外气候变化应对的政策体系。在加快研究气候变暖对区域水循环的影响、加强水利工程建设和行业监管、完善设计标准、开展纽带关系研究等方面，不断加强贯彻落实生态文明建设理念，推动全球绿色、低碳、可持续发展。

2017 年，水利部印发文件要求以县域为单元全面启动节水型社会达标建设，现有 65 个县（区）达标。国家发展改革委会同水利部、原质检总局建立了水效标识制度，出台相应的国家技术标准。应对北方大部分地区日益加剧的干旱缺水，全国高效节水灌溉面积达到 3.1 亿亩。整体看，中国在水资源领域提出的适应性政策目标清晰，实施效果明显，水资源消耗总量和强度都有较大幅度降低。但目前仍缺少系统规划和创新型科技支撑。未来还需重点制定防范性应对气候变化的水资源适应政策。

6.1.2.2 灾害风险预报与应对

目前我国已完成全国所有区县的气象灾害风险普查，累计完成 35.6 万条中小河流、59 万条山洪沟、6.5 万个泥石流点、28 万个滑坡隐患点的风险普查和数据整理入库。在洪涝灾害应对方面，为 83 个城市开展了暴雨强度公式编制和雨型设计，形成基层中小河流洪水、山洪和地质灾害气象风险预警业务标准化建设试点 897 个。2018 年 1 月，中国气象局发布《关于加强气象防灾减灾救灾工作的意见》，提出建设新时代气象防灾减灾救灾体系，为进一步明确水资源领域实施气象防灾减灾救灾提供了行动指南。

6.1.2.3 适应性技术和对策

1. 流域水资源气候变化应对策略

从流域尺度水资源气候变化应对策略来看，近年来在气候变化条件下黄河、海河、嫩江等流域均存在水资源短缺、供需矛盾突出等共性问题，各个流域均采取了加强水资源管理和综合调控能力的适应对策。针对黄河流域水旱灾害严重、生态环境恶化的情况，重点制定了增加水资源高效利用的适应对策；针对海河流域水功能区达标率低和干旱化趋势严重的情况，积极采取耦合环境变化的水资源脆弱性定量评价技术的适应性管理技术；针对嫩江流域湿地萎缩的情况，加强了湿地保护法律法规的建设和实施，建立和完善了湿地生态环境监测体系，制定了"重点湿地优先保护、重点湿地常态补水、重视洪水资源利用"的应对策略（表 6.1）。

表 6.1 流域水资源气候变化应对策略

流域	气候变化对水资源的影响	适 应 技 术
黄河	水资源供需矛盾日益突出、水资源短缺、水灾害严重、生态环境恶化	加强水资源管理和高效利用；增强水资源综合调控和管理能力，建立多层次水资源适应性管理指标体系；建立耦合环境变化对水资源影响的暴露度、水旱灾害、敏感性和抗压性综合的水资源脆弱性定量评价模型
海河	水资源供需矛盾尖锐、人均水资源量不足、水功能区达标率低、干旱化趋势严重	
嫩江	水资源短缺、湿地萎缩、水功能区退化	建立水资源保护策略、重点湿地优先保护、重点湿地常态补水、重视洪水资源利用；建立和完善湿地生态环境监测体系；加强湿地保护法律法规建设等措施对流域湿地水资源进行管理

2. 区域水资源气候变化应对策略

从区域尺度水资源气候变化应对策略来看，近年来我国各个区域均存在水资源短缺、极端事件频度和强度增加的共性问题，各地区采取了加强水资源适应性管理体系建设、加强工程建设实现水资源优化配置、强化洪旱灾害预警预报、严格水资源管理、发展节水型社会建设等应对策略[144-148]。针对西北干旱区缺水严重问题，采取了增加地表水资源总量、调整产业结构和合理设计气候移民方案等适应措施；针对西南地区冰川、湿地萎缩问题，采取完善湿地保护政策、提高森林植被覆盖率、保护天然草地、抑制沙化等适应措施；针对北方地区城市热浪、内涝问题，采取了加强防洪工程和排水系统建设、推广雨洪利用、应用节水设施，建立应急预案等适应技术（表6.2）。

表 6.2		区域水资源气候变化应对策略
区　域	气候变化对水资源的影响	适　应　技　术
西北干旱区	水资源短缺、极端事件频度和强度增加、生态环境恶化	增加地表水资源总量；发展农业节水技术；调整农、工业结构；合理设计气候移民方案
西南地区	水资源时空分布不均、水污染日趋严重、季节性差异导致的供需矛盾加剧、冰川萎缩、极端事件频率和强度增加	加强水资源适应性管理体系；健全法律法规体制机制；完善湿地保护政策；提高森林植被覆盖率；保护天然草地，抑制沙化
华北地区	洪旱灾害频繁发生、水资源供需矛盾突出、水资源短缺	加强工程建设实现水资源优化配置；强化洪旱灾害预警预报；严格水资源管理，发展节水型社会
东部地区	极端事件频度和强度增加、水资源供需矛盾加剧、水资源短缺	建立水资源适应决策系统；实施严格水资源"三条红线"管理
北方城区	城市热浪、干旱缺水、强降水及城市内涝	加强防洪工程和排水系统建设；推广雨洪利用技术；推广应用节水设施；建立应急预案

3. 行业水资源气候变化应对策略

从行业角度水资源气候变化应对策略来看，各地区充分结合和利用各行业，尤其是农业和水利领域在气候变化应对中的巨大作用，制定了一系列工程措施和适应技术以期合理利用气候变化带来的有利影响。在农业领域，培育适应气候变化的作物品种、发展节水农业和管理技术；在水利领域，应用人水和谐和水资源可持续利用理论，以人水系统为对象，评估环境变化下水资源适应性利用，制定和优选水资源适应性利用方案。充分考虑不同区域的水资源供需平衡关系，从跨流域和跨区域层面制定具有针对性的调水方案以及水资源合理配置方案。

6.1.3　主要国家气候变化应对策略及典型案例

6.1.3.1　中国：西北内陆生态脆弱区流域水资源调控

1. 气候变化对西北内陆生态脆弱区生态环境的挑战

水资源是影响西北内陆生态脆弱区社会经济可持续发展的主要瓶颈，气候变化使该地区生态-水文系统更加脆弱，水文循环和水资源时空不均性加剧，极端水文事件频率和强度增大，水循环过程和生态需水规律改变，增加了未来气候变化应对与适应的复杂性与不确定性[148]。在流域尺度上，以水资源合理配置为核心的生态环境综合治理和保护是适应气候变化的有效手段，西北内陆黑河流域等的有效实践与应用，关键在于社会经济-生态环境系统水资源利用率的提升。

2. 流域水资源调控增强生态环境的协同适应

针对气候变化加剧的上游水资源不稳定，采用以生态修复与水源涵养为主的适应技术，主要包括降水、冰川、湖泊、积雪和冻土监测，人工增雨增雪，水源涵养区生态环境保护与修复，山区水库设计与调度，气候变化对水资源影响评估，流域生态-水文过程耦合模拟与预测等。中游节水是黑河流域水资源调配的关键，推广实施了以技术节水和产业节水为主的农业综合技术，包括农田水利、灌区节水改造、退耕还林（草）等工程，推广垄膜沟灌和滴灌、微喷、喷灌等高新节水技术，加强田间用水管理和推广耕作保墒技术，调整种植结构，发展高标准设施农业等。分水方案实施后，中游张掖地区的高耗水作物与行业用水比重降低，工业、服务业及林牧渔用水比重上升，经济结构优化。将上中游调配节水用于修复下游退化生态，对下游生态需水量进行了严格的核算、调配管理与环境监测。分水方案实施后，黑河下游植被恢复显著，林草面积增加 21%，胡杨林土壤水分含量明显增加。

6.1.3.2　澳大利亚：墨累-达令河流域气候变化适应对策

墨累-达令河流域位于澳大利亚东南部，是澳大利亚最大的、唯一发育完整的水系，根据全球气候模式预测结果，到 2030 年整个墨累-达令河流域的平均地表径流量将减少 11%，在东南产流区域，气候变化的影响最为显著。

1. 水权与水价

水价是优化水资源配置、减少水资源浪费和防治水污染加剧的重要手段之一。为遏制水资源的过度开采与供需之间的矛盾，维持流域水资源的良性循环，澳大利亚实行两部制水价，即水价由基本水价和计量水价两部分组成。其两部制水价第一部分是按额定分配水量计的固定收费，不论用水户是否用水，这部分费用都必须支付；第二部分是按实际使用的水量进行计费。新的水价改革计划中收费结构为：固定收费占 70%，中等用水水平年实际用水量收费占 30%。为确保水价的科学性，澳大利亚聘请独立的咨询专家对供水成本和收费结构进行分析。

澳大利亚从 20 世纪 80 年代开始实施水权制度改革，20 世纪 90 年代完成墨累-达令河流域的用水总量控制，规定流域内任何新用户（灌溉开发、工业用途和城市发展）的用水必须通过购买现有用水权来获得。2013 年，澳大利亚全国的水权交易量为 $75 \times 10^8 \, m^3$，占当年用水总量的 1/3。澳大利亚的水权交易实践证明，水权市场确实能够带来显著的经济和生态效益，并且能够动态地反映出水资源的真实价值，对于改善用水的效率、公平性和可持续性具有重要作用[149,150]。

2. 水资源管理制度及气候变化应对

中澳两国在水资源管理制度以及气候变化应对举措中存在较大差异。中国主要依靠自上而下的体系设置和跨部门协调为主的复杂水管理系统。而澳大利亚则把重点放在系统化的政策、管理方法上，并配合应用工程、技术、经济和体制等方面的综合措施。

澳大利亚通过伙伴关系建立流域管理局，采取政府指导下的企业管理模式，提出并制定系列综合治理对策和法律法规（如《可持续的地表与地下水取水限额》《环境流量规划》《跨州水权交易规则》《流域水质及盐碱度管理规划》《重要用水需求管理机制》等），在其水资源综合管理中发挥了重要的作用。其水管理体制简单可行，政策上鼓励农场之间可以相互转卖用水定额，尽可能促进水资源生产效率的提高。

6.1.3.3　西班牙：干旱管理规划

在西班牙的法律框架中，特别提到在规划过程中注意干旱问题，并确定公共管理部门和用户解决干旱的措施。在过去只是在干旱发生时才采取应对措施，很少关注应对干旱的准备、减缓或预防。现在在发生严重干旱事件情况下，即使水的使用权在一定条件下曾经批准给用户，政府也可采取不同寻常的举措。应对干旱的措施可能包括建立应急工程，例如应急机井。在水法中还规定了用水优先顺序。

通过对法律框架的完善，加强对规划的管理和规划。如政府授权流域机构，建立水交换中心（水银行）可以使用户通过自愿协定转移水权。国家的水规划法案强调，环境部必须建立通用的水文指标系统，流域主管当局负责准备编制干旱规划，并提交到相应的流域委员会和环保部批复。市政当局对超过 2 万人以上的供水编制应急规划，确保在干旱条件下的供水。

流域主管当局能够根据当地的情形和需求编制的干旱规划，根据水文指标系统的阈值，发布干旱情势，并依据干旱的严重程度，启动规划中应对干旱的工程措施（新的抽水井、新管道、启用新的海水淡化厂等）和非工程措施（通过限制用户用水，增加地下水的应用等）。

6.1.3.4　美国：国家水项目 2008 战略

2008 年美国环境保护署颁布了《国家水项目战略：响应气候变化》。美国的国家水项目是由联邦政府、州、部落和当地政府组成的联合法律执行机构，旨在保护和提高国家水资源质量。"国家水项目 2008 战略"有五大目标：①减少温室气体排放；②适应气候变化；③加强气候变化和水的研究；④加强对气候变化对水影响的教育宣传；⑤在此框架下建立应对气候变化的管理机制。

该战略按下列具体项目实施：①提高水和废水能源利用效率；②实施 Water Sense（由美国环保署于 2006 年实施的一项通过在水产品上贴标签促进提高水利用效率的行动）项目，加强节水宣传；③饮用水保护和管理计划；④水运输中泄露的监测和修补；⑤工业用水中的节水、重复利用和循环利用技术；⑥制定联邦政府机构水保护指南；⑦促进节能，建设绿色节水节能建筑；⑧建立地质隔离法规，EPA 于 2008 年提议实施隔离商业区法规；⑨继续举办技术讨论会；⑩支持海床评估和海洋固存 CO_2；⑪研究非点源生物固化试点工程；⑫考虑气候变化对饮用水源的潜在污染；⑬清洁水微生物含量标准和水生物疾病风险评估；⑭清洁水沉积物及速率标准；⑮开发生物指示物和方法；⑯连接生态和自然景观模拟；⑰新型工业对水资源的影响评估；

⑱对现有政策进行研究,补充应对气候变化中的部分;⑲流域气候变化备忘录;⑳利用包括气候变化标示物在内的技术,扩大国家水资源调查;㉑评价新鲜水体在气候变化下的空间分布变化;㉒发展流域气候评估工具;㉓气候应对三方合作;㉔珊瑚礁保护;㉕总结修改非点源污染管理方法和政策;㉖综合分析研究 NPDES 计划中的技术和工具,应对变化条件下的水质水量分析,为决策部门提供参考;㉗评价将湿润天气或气候影响纳入城市和工业管理方面的可能性,如人工增雨,最大设计暴雨,促进绿色建筑物和可持续利用建筑物的使用等;㉘气候变化对动物饲养管理的影响评估;㉙实施可持续的水工程管理和应对气候变化决策工具;㉚编写气候变化影响的可持续/脆弱性分析报告;㉛研究清洁水和饮用水标准为应对气候变化措施提供支持;㉜完善应急预案,并做好恢复重建工作;㉝有效执行 404 管理框架,加强应对气候变化的努力,减少和避免必可接受的极端影响;㉞测绘最终国家湿地图,更新西部干旱区地图;㉟研究 CCSP 报告中有关水研究的内容;㊱在 ORD 研究中研究气候变化对水影响的部分;㊲修改 ORD 全球变化多年计划;㊳建立一个水和气候变化的网站,发布研究成果给公众;㊴每年发布应对气候变化措施实施情况报告;㊵扩大气候变化应对的参与范围,让更多人参与到应对行动中来;㊶发布有关气候变化影响研究的文献、资料等;㊷扩展应对气候变化的培训范围;㊸保留气候变化的座谈会议(workshop);㊹制定管理部门策略计划和水研究项目年度指导报告;㊺根据区域特点对国家应对方案进行补充;㊻成立国家水与气候管理协调组。

6.2 黄河流域应对气候变化总体策略

黄河流域气候条件复杂,水资源匮乏,生态环境脆弱,旱涝灾害(尤其是干旱灾害)是黄河流域最主要的自然灾害类型[151,152]。流域的基本特点决定了流域水资源系统对气候变化的敏感和脆弱性,预测结果也进一步显示随着黄河流域未来气候变暖趋势的加剧,水资源供需矛盾将进一步加大,旱灾频率和强度呈现出增大的变化趋势,局部洪灾增加、小水大灾凸显,极端情形下流域大灾、特大灾害发生的概率、时空分布及不确定性增大。因此,黄河流域水资源应对气候变化的形势更加严峻,增强流域水资源安全保障能力、防灾减灾能力的要求越来越迫切。本书依据国家水利改革发展的战略部署以及国家适应气候变化战略,并结合国内外水资源领域适应气候变化的最新进展,提出黄河流域应对气候变化的总体策略。

6.2.1 指导思想

坚持以人为本、人水和谐的科学发展观为指导,在可持续发展框架下,以发展民生水利、保障流域水资源安全为出发点和落脚点,坚持减缓与适应并重的原则,统筹考虑、协调推进。

（1）健全应对气候变化的体制机制，不断提高全流域应对气候变化的综合能力和现代化水平。

（2）推进防灾、减灾和灌溉供水等重大基础工程建设，不断增强适应气候变化的能力。

（3）充分发挥科技进步在应对气候变化中的先导性和基础性作用，并及时转化到措施和行动中。

（4）大力提高全社会应对气候变化的意识，合理开发，高效利用、优化配置、节约保护水资源。

6.2.2　基本原则

黄河流域应对气候变化的总体策略需要坚持以下原则：

（1）坚持重点突出的原则。在全面评估黄河流域气候变化影响的基础上，针对流域应对气候变化的脆弱对象、脆弱领域和脆弱区域，重点解决最核心的水资源问题，如水资源供需、旱涝灾害、水环境问题等。

（2）坚持主动适应的原则。基于流域的经济社会发展状况、技术条件以及环境容量，坚持预防为主，加强监测预警，最大限度地趋利避害；采取合理的适应措施，增强适应措施的针对性。

（3）坚持统筹兼顾的原则。全面统筹全局与局部以及长远规划与短期行动的应对工作。注重兴利除害结合、防灾减灾并重、治标治本兼顾，促进流域与区域的协调发展。

（4）坚持减缓与适应并重的原则。减缓和适应是应对气候变化挑战的两个有机组成部分，黄河流域应从减缓和适应两个层面应对气候变化下的水资源危机，两者相辅相成、同等重要。

6.2.3　总体目标

黄河流域应对气候变化的总体目标如下：

（1）不断增强流域气候变化应对能力，降低流域水资源的脆弱性，提高水安全保障能力，确保气候变化背景下流域经济社会的可持续发展。

（2）加强流域水资源管理和高效利用，增强水资源综合调控和管理能力。最大限度降低气候变化的负面影响，并充分利用和发挥气候变化的正面效应。

（3）提高公众的气候变化意识，全面建设节水型社会，积极推进气候变化相关科技进步。

6.2.4　策略框架

本书结合黄河流域应对气候变化的指导思想、目标及原则，提出黄河流域水资源应对气候变化的策略框架，如图 6.1 所示。

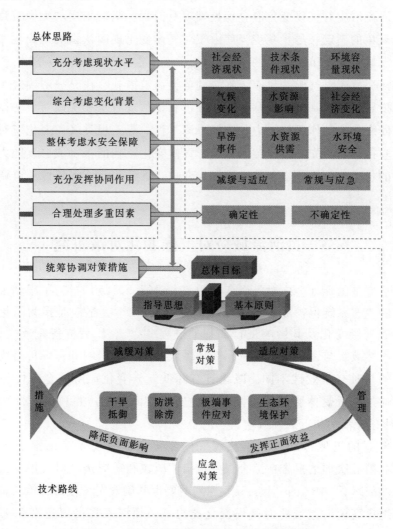

图 6.1　黄河流域水资源应对气候变化策略框架

（1）黄河流域应对气候变化应综合考虑现状水平和变化环境。充分考虑流域的经济社会发展、技术条件、环境容量等现状，并对气候变化、社会经济变化，及其带来的水资源影响等变化背景和发展趋势有充分的分析和判断，更好地把握和制定流域应对气候变化的方向和对策，采取合理的应对措施。

（2）黄河流域应对气候变化应整体考虑水安全保障。依据不同的经济社会情景、气候变化情景，全面评估气候变化对流域防洪安全、供水安全和生态环境安全等的影响，制定流域应对气候变化的对策。

（3）黄河流域应对气候变化应充分发挥协同作用。在流域可持续发展框架下，多维度综合考虑"减缓与适应"对策、"常规与应急"对策之间的协同作用，以权衡取舍，提高流域水资源管理调控水平和气候变化应对能力。

（4）黄河流域应对气候变化应合理处理多重因素。坚持采用"无悔策略"开展应对气候变化对策的制定，尽量减少当前由于对气候变化规律认识的局限性和不确定性对流域应对气候变化决策所造成的不利影响。

（5）黄河流域应对气候变化应统筹协调各类对策措施。在充分明确应对气候变化总体目标、指导思想和基本原则基础上，分析和评估现有水相关政策、法律、制度框架在应对气候变化中的作用与能力；统筹协调工程、非工程类气候变化应对措施以及实施过程；坚持预防为先，增强黄河流域对气候变化影响的抵御或修复能力，降低气候变化带来的各类负面影响；坚持实施气候变化背景下的流域水资源综合调控和管理思路。

6.3　黄河流域应对气候变化对策研究

减缓与适应是国际社会应对气候变化的两大对策。减缓是指为了限制未来的气候变化而采取的生态系统保护或温室气体减排等过程[152-154]。适应是指为了趋利避害对实际或预期的气候变化及其影响进行调整的过程[155,156]。二者同等重要，相辅相成，不可替代。虽然减缓与适应的长期目标都是降低气候变化影响和保障可持续发展，但具体行动目的与时空有效性不同。减缓具有降低气候变化风险的全球性和长期性效益，适应则通过降低受体脆弱性来减轻气候变化负面影响，并利用其带来的某些机遇[157-160]，具有区域性和近期性效益。

2007 年通过的巴厘行动计划将减缓气候变化和适应气候变化置于同等重要位置[161]。IPCC 第五次评估报告在综合报告指出"减缓和适应是应对气候变化风险的两项相辅相成的战略。"中国的"十三五"规划纲要也明确规定"坚持减缓与适应并重"。

为更好地提高黄河流域应对气候变化能力，必须深入贯彻习近平总书记提出的"两个坚持、三个转变"的新时期防灾减灾新理念，坚持以防为主、防救结合，坚持常态减灾与非常态减灾相统一，从注重灾后救助向注重灾前预防转变，从应对单一灾种向综合减灾转变，从减少灾害损失向减轻灾害风险转变。

本节从"常规对策"和"应急对策"两个层面开展黄河流域应对气候变化的对策研究。"常规对策"又包括"减缓对策"和"适应对策"两部分：通过有效的适应性措施和管理，提高黄河流域预防和抵御气候变化的能力，减轻气候与环境变化对黄河流域水资源造成的后果；通过合理的减缓措施，控制和减少污染物及温室气体的排放，维持流域生态系统持续健康，在源头上减缓气候与环境变化的进程。

6.3.1　气候变化减缓对策

减缓气候变化影响是一项长期、艰巨的挑战。黄河流域应对气候变化的减缓对策主要包括以下若干方面：继续强化水资源节约和水利结构优化的政策导向，建设节水型社会；保护湿地，维持流域生态系统健康；加大可再生能源发展，增加非化石能源所占比例，减少碳排放；提高公众的气候变化意识，促进气候变化相关研究和科技进步等。

6.3.1.1　加快流域节水型社会建设，提高流域用水效率

节水型社会建设对于实现区域水资源的可持续利用、保障水资源安全具有十分重要的意义，全面建立节水型社会是当前解决我国水资源供需矛盾最重要的措施[162-167]。节水型社会建设涉及国民经济的各行各业，包括生产、生活、生态的各个环节，主要体现在节水技术的推广和用水效率的提高。

气候变化背景下，黄河流域水资源脆弱性增大，缓解供需矛盾、改善生态环境都需要减小取水量、控制排污量，关键是实施源头控制、提高用水效率，实现用水的减量化和合理化。黄河流域现状水资源利用效率不高，农业灌溉水利用系数仅为 0.5，工业用水重复利用率仅为 70% 左右。应加快流域节水型社会建设，大力推广节水技术。研发旱作、非充分灌溉以及生物节水技术[168,169]；开发适应干旱半干旱地区智能化的灌区综合节水技术；研发经济适宜的工业节水减排工艺以及城市生活水循环利用技术，形成流域节水集成系统。

在管理方面应进一步完善流域水资源高效利用管理模式。完善节水灌溉技术服务体系，加强量水设施建设，探索新的水价机制，改进水费计收手段，抓好输水、灌水、用水过程节水；积极研发质优价廉的节水灌溉技术和设备，大力推广和普及节水设施和器具，集中力量建设一批规模化高效节水灌溉示范区；建立完备的节水型社会管理体制、政策、法律、法规。从技术、经济和制度上促进全面节水，实现流域水资源的高效利用[170-173]，保障区域社会经济的可持续发展。

6.3.1.2　调整经济结构适水发展，推进水利结构优化

调整产业结构，就是从产业布局、经济角度改变区域需水结构和总量，提高水资源的效益和效率。以水定产业结构，调整产业结构适水发展，能更好地解决供需矛盾[174-176]。为了更好地应对气候变化对黄河流域水资源的影响，需要建立与流域水资源承载能力相适应的经济社会需水布局。

应充分考虑流域水资源条件的制约，加速建立与水资源条件相适应的社会经济系统。加大经济结构的升级改造和产业布局的优化调整，加快建立区域或流域发展规划的水资源论证制度，完善总量控制下的建设项目水资源论证制度。以最严格的水资源管理制度的建设促进地区经济社会发展方式的战略转型。

应统筹流域水资源承载能力，建立与水资源承载能力相适应的需水布局。充分考虑流域水资源开发利用条件和工程布局等因素，研究多种用水模式下的国民经济需水方案，优化提出与流域水资源承载能力相适应的需水方案，促进经济社会发展与水资

源承载能力相协调。

应坚持流域可持续发展，以水调整经济结构，适水发展、因水制宜。未来要贯彻"以水定城、以水定地、以水定人、以水定产"原则，通过调整产业结构，优化生活用水、农业用水、工业用水、生态用水占比及其空间布局。黄河流域是我国主要的粮食基地和能源基地，目前农业用水的比重占整个流域供水量的 60％以上，对于地表水过度开发和地下水超采问题较严重区域[177-182]，考虑农业用水占比，在缺水地区试行退地减水，适当减少用水量较大的农作物种植面积，改种耐旱作物和经济林；对于地下水易受污染地区，合理调整种植结构，优先种植需肥需药量低、环境效益突出的农作物。

6.3.1.3　维持流域生态系统健康，发挥气候调节等生态功能

黄河流域生态系统具有涵养水源、调节气候、调蓄洪水、净化水质、保护生物多样性等多种生态功能。针对黄河流域气候变化和水生态现状，并结合未来气候变化的可能影响，应紧紧围绕黄河流域生态系统良性维持的关键生境和敏感因子，通过生态、工程、管理等措施，保护和恢复流域气候调节等多种生态功能，充分利用和发挥气候变化的正面效应[183-189]，减缓流域生态环境变化和气候变化进程。

应确保重点生态单元用水。2006 年 8 月 1 日《黄河水量调度条例》正式施行，该条例把生态环境用水提到了与生产、生活用水同等重要的地位[190-193]，"合理安排农业、工业、生态环境用水，防止黄河断流""统筹兼顾生活、生产、生态环境用水"，将生态用水纳入明确的法制轨道，确保黄河生态用水，逐步实现黄河生态意义上的不断流。因此，维持黄河流域生态系统健康的关键举措是通过人类用水的严格管理和径流的科学调度，为沿河重点淡水湿地提供适宜的水量和水质，以保护湿地的面积或规模，为湿地生态系统健康恢复创造有利条件，最终使湿地生态功能逐步恢复；维持适宜的河川径流过程，以保护重点鱼类的主要产卵区、主要栖息地和重要洄游通道。

实施黄河生态补水、生态保护和生态修复工程。黄河属资源型缺水河流，随着流域经济社会的进一步发展，黄河水资源供求形势将更趋严峻。为此，迫切需要实施相关的生态补水工程，修复河流生态和改善流域环境；湿地是黄河河流生态系统保护的关键生境，在流域经济社会发展、人类活动干扰以及气候变化等因子的驱动下，黄河湿地景观破碎化程度在加深，异质性水平在增加，湿地功能在丧失，多样性水平在下降。应重点实施黄河三角洲湿地生态修复工程和河口治理工程，实施退牧还草工程和荒漠化防治工程，保护和恢复源区湿地和河口湿地涵养水源、调节气候等生态功能。协调湿地开发与保护的关系，强化湿地管理与立法。

加强流域水生态监测与基础研究。目前，黄河流域生态系统的保护和修复工作因河流生态系统现状不明、历史不清、数据支持不够而受限制。为此，迫切需要开展全面、系统的黄河流域生态系统调查与评价工作，提供水生态保护与修复基础研究所必

需的数据[194-196]，为流域水生态保护提供理论与技术支持；增强对水生态重要性的认识，制定切实可行的水生态保护政策和法规，加强水生态保护的宣传教育，科学制定黄河流域水生态修复规划。

6.3.1.4 大力发展可再生能源，减少碳排放

黄河流域是我国重要的能源基地，又被称为"能源流域"。煤炭、水能、石油、天然气和有色金属资源丰富，煤炭储量占全国一半以上。黄河流域的未来发展跟国家减排目标有着紧密联系[197]。2015年，中国提出在2030年左右二氧化碳排放达到峰值并争取尽早达峰，单位GDP二氧化碳排放比2005年水平下降60%～65%，非化石能源占一次能源消费比重达到20%左右的国家自主贡献目标[198]。

在减缓气候变化进程层面，黄河流域应对气候变化应大力发展可再生能源，减少温室气体排放。加大水能资源开发，包括农村小水电的开发，以增加非化石能源所占比例；少用煤炭等化石类能源，多用清洁能源，提高能源利用效率；农业方面应减少化肥使用，能源化资源化处理畜禽养殖废弃物；增加森林蓄积量以增强其固碳功能等。

黄河沿岸省份应根据经济发展水平、地域特点等因素，结合国家减排目标，制定出适合本省的碳减排计划和发展思路，实施具有地域特色的碳减排举措；要以温室气体减排目标为区域目标，共同探讨低碳发展路径。

6.3.1.5 开展气候变化相关研究，推动科技进步

气候变化下水资源应对策略研究必须以未来气候情景下水循环要素对气候变化的响应规律、极端水文事件发生的概率和程度以及气候变化对水文水资源影响的不确定性等基础研究为前提[199]。目前，我国重点针对黄河流域水资源应对气候变化而开展的上述研究还比较薄弱，应充分认识黄河流域气候变化相关研究的重要性和艰巨性，加强对策研究[200-203]。除此之外，为了进一步深入了解气候变化、水资源和社会经济发展之间的关系，以及各种应对措施的有效性和可行性，迫切需要开展大量的实地调查，运用调查的数据开展系统深入的实证研究。

在开展气候变化基础研究的同时，推进科技进步与创新也是提高流域应对气候变化能力的关键途径。应大力倡导科技创新，积极利用高新技术[204-206]，加强先进技术在预案预警系统建设、信息采集传输、指挥调度智能化和现代化等防洪抗旱减灾方面的应用；应用先进科学技术改造传统灌溉技术和设备，优化灌区水资源配置方案，提升综合节水能力；加强新型建筑工程材料在水利工程建设中的应用，改进水利工程建设施工技术，以科技进步全面提升流域应对气候变化能力。

6.3.1.6 提高全民意识，加强各方参与和广泛合作

采取多部门联合协作，信息共享，协同行动。加强水利行业与农业、林业、环保、气象、海洋、国土资源以及交通等相关行业的科技合作与交流，针对黄河流域气

候变化的相关问题开展广泛合作,调动一切科技资源为流域应对气候变化提供有力的科技支撑;加强中央、流域、地方应对气候变化的合作与交流,建立跨层级的应对气候变化组织框架,实现上下联动,协调发展;加强政府主导,提高全民适应气候变化的意识,完善气候变化应对行动的社会参与机制。

大力开展流域应对气候变化国际合作和技术交流。加强与国外水利相关部门在技术和管理方面的沟通,借鉴和吸收先进的应对气候变化理念和技术[207,208],不断提高我国抗旱减灾科技水平,与国际社会共同应对气候变化带来的挑战。

6.3.2 气候变化适应对策

适应气候变化是一项现实、紧迫的任务,也是黄河流域应对气候变化的基本对策。科学的适应对策既包括"适应性措施",又包括对应的"适应性管理";既需要应对根本的水资源短缺问题,又需要应对水资源灾害频发以及水资源供需平衡等问题。旨在努力降低水资源系统对气候变化的脆弱性[209],增强水资源系统预防和抵御气候变化的能力,将气候变化的负面影响降到最低。

6.3.2.1 应对水资源减少和干旱的对策

黄河流域以其占全国 2.2% 的径流量,承担着占全国 15% 的耕地和 12% 人口的供水任务。作为我国主要的能源基地,黄河流域煤炭资源占全国的 70%,石油储量占50%,大规模的能源开发同样需要大量的水资源[210]。目前,人类对水资源的需求已经远超黄河流域水资源的承载力,导致对地表水的过度利用和地下水的过度开采[211,212]。黄河流域大部分地区处于干旱半干旱区,对气候变化极其敏感,近年来气候变暖也是导致黄河流域径流量明显减少的原因之一。在气候变暖和人类活动的双重影响下,流域的水循环及水资源格局已经显著改变,黄河流域水资源的供需矛盾更加突出,已成为我国水资源极其短缺的地区之一,并在未来 10~30 年内仍将继续面临水资源严重短缺的严峻挑战。黄河流域应对水资源减少和干旱的具体对策包括以下几个方面。

1. 加快水利基础设施建设,提高供水保障能力

建设水利工程是保障供水、有效应对防汛抗旱等减灾的重要载体,也是解决水资源供需矛盾的主要对策。目前,发达国家为适应上述气候变化导致的供水安全问题,普遍采用提高水利基础设施建设水平的适应性措施。

考虑气候变化因素,在对流域水资源进行全面评估和严格论证的基础上[213-220],科学规划,开辟新的河、湖等水源;考虑气候变化引起的水位变化,防止水资源供给无法达到设计标准,影响了供水安全;加快水库、河堤、蓄滞洪区、农村五小水利工程等水利基础设施建设,合理扩大水利工程规模,利用工程技术措施(蓄、引、调、提、运、拉等)提高气候变化背景下的供水保障能力;在水资源有潜力的地区建设必

要的储水设施，增强水资源的时空调配能力。

2. 积极实施外流域调水，改善黄河流域缺水局面

对于严重缺水且水资源过度开发的流域，节水空间具有一定的局限[221,222]。因此，实施外流域调水便成为有效缓解流域严峻水资源短缺局面的途径之一。黄河流域自身水资源条件较差，流域经济社会发展和生态环境改善对水资源需求旺盛，近年来水资源衰减加剧。在强化节水条件下，黄河流域尤其是上中游地区水资源缺口仍然较大[223]，供需矛盾极为尖锐。

从长远来看，加快南水北调西线工程建设，实施跨流域调水补充黄河水源，并通过调水的合理配置提高水资源承载能力，是缓解黄河、西北地区水资源短缺，改善生态环境的重大战略举措。南水北调西线工程从长江上游调水入黄河源头地区，一期工程从雅砻江、大渡河干支流调水 80 亿 m³，供水范围覆盖黄河上中游青、甘、宁、蒙、陕、晋等 6 省（自治区），并利用黄河干流骨干工程的调节作用，最大限度地改善黄河流域水资源短缺、时空分布不均问题。缓解黄河流域的国民经济缺水问题。

3. 大力开发非常规水源，形成多源互补的良性格局

黄河流域水资源利用过度依赖常规的地表和地下水源，造成水资源过度开发问题突出。近 20 年黄河流域径流消耗率达 70%，挤占了河道内生态环境需水量；地下水开采量达到 140 亿 m³，部分地区已超过地下水允许开采量，造成大面积地下水降落漏斗。

为提高流域应对气候变化的能力，必须加大对非常规水源的利用力度，构建多源互补、丰枯调剂的水资源利用格局。积极突破非常规水资源利用技术瓶颈，提升非常规水资源利用空间和潜力；在科学评估气候变化影响的前提下，改进水库的调度规则，提高雨洪资源利用；修建再生水、微咸水、苦咸水、矿井水、雨水等收集或蓄水系统，依据极端天气重新确定其设计标准，有效利用流域广泛分布的非常规水资源；同时，建议加快构建以配额制为核心的非常规水源利用扶持政策体系，切实推进非常规水源利用，为保障流域水安全提供支撑。

4. 因地制宜实施抗旱技术，进一步完善抗旱保障机制

抗旱工作具有较强的技术性。目前，黄河流域抗旱基础工作还相对薄弱，很多技术还处于尝试阶段；同时，流域旱灾防范的措施和机制还不够完善，实现抗旱工作的科学化和正规化还有很大的难度。

应因地制宜实施和应用抗旱技术，主要包括生物抗旱技术、工程抗旱技术、应急灌溉技术、农艺抗旱技术和化学抗旱技术等五大类。生物抗旱技术主要指抗耐旱农作品种；工程抗旱技术主要指通过兴修水利、灌溉工程和节水工程；应急灌溉技术主要指在干旱发生过程中方式灵活、移动方便、灌溉高效的灌溉技术和产品；农艺抗旱技

术主要指通过耕作、栽培、农作物水分养分管理、地膜覆盖、秸秆覆盖、间套作等技术，充分利用自然降水、保蓄土壤水、挖掘地下水，减少农田水分流失，提高农田水分利用效率，减轻干旱造成的损失；化学抗旱技术主要指通过化学物质在保持土壤水分、减少农作物蒸腾和土壤蒸发造成的水分损失、增加雨水入渗到农田等达到抗旱减灾目的[224-229]。

另外，应加快构建抗旱法规体系，抓紧组织编制抗旱规划，大力推进建成集旱情监测预警、分析评估功能于一体的流域抗旱指挥决策支持系统；加大对抗旱保障的支持力度，流域各地区应积极研究制定抗旱保障政策措施，从资金、技术、政策等方面对抗旱服务组织给予扶持，增强抗旱保障服务能力。

5. 制定与实施干旱管理规划

干旱是与其他灾害不同的一种极端灾害，它发生的过程缓慢，历时数月或数年，影响范围大，但很少造成结构物的破坏，而且也很难界定干旱的开始和结束[230-233]。未来气候变化更可能增加黄河流域干旱灾害的频率和强度，因此及时和系统地制定与实施干旱管理规划，是黄河流域应对干旱灾害的重要措施。

黄河流域干旱管理相关规划应包括快速判断干旱形势的指标，提供流域水资源及其脆弱性状况，提供根据优先程度确定干旱影响的脆弱性状况，提出减轻干旱影响的工程和非工程方案，确定实施措施的成本，保障实施的行政管理、利益相关者参与等保障措施。

6.3.2.2　应对洪涝灾害的对策

2003 年、2005 年和 2007 年黄河流域及中游部分支流均发生了较为严重的洪水灾害，与其他流域相比，黄河流域面临的防洪挑战更加复杂。由于北方地区多年未来大水，普遍存在防洪意识淡薄问题，尤其对极端气候条件下的突发性洪水灾害准备不足；黄河干流存在河道淤积严重、堤防质量差、险点隐患多、部分河段防洪标准低、下游滩区受淹概率大等一些防洪问题多；中小水库和淤地坝群存在防汛安全隐患；西北干旱地区中小河流治理程度都比较低，多为山洪灾害易发多发区，洪灾害防御能力较弱。一旦发生灾害将会对整个流域的社会经济发展带来严重的损失，同时也会加剧如水土流失、水质污染等一系列次生问题[234-237]。从长远来看，需要充分考虑灾害的预警、防护、评估等各方面，统筹工程、非工程等措施，提升黄河流域洪涝灾害应对能力[238-240]，保障黄河长久安澜。黄河流域应对洪涝灾害的具体对策包括以下几个方面。

1. 加强防洪工程体系建设，全面提升防洪能力

完善"上拦下排、两岸分滞"防洪工程建设。采用"拦、排、放、调、挖"综合措施，多途径处理和利用泥沙。在黄河下游按照"稳定主槽、调水调沙、宽河固堤"的治理方略，建设以标准化堤防、河道整治工程为主的河防工程，通过调水调沙、疏

浚主槽，恢复并维持中水河槽；开展"二级悬河"治理和滩区综合治理，完善东平湖等蓄滞洪区建设；治理黄河河口，减少河口淤积延伸对黄河下游防洪的不利影响，确保安全行洪排沙。在黄河中游多沙粗沙区，按照"先粗后细"的原则进行淤地坝等工程建设，最大限度地减少进入黄河的粗泥沙；在黄河中下游干流两岸滩区及低洼地建设引洪放淤工程，施行"淤粗排细"。在上中游干流及主要支流建设古贤、河口村等水利枢纽工程，完善以黄河干流七大控制性骨干水利枢纽为主体的黄河水沙调控体系，通过联合调度运用，有效管理黄河洪水，塑造使黄河下游、宁蒙河段河道主槽不萎缩的水量及过程[241]。加强黄河干流宁蒙河段、禹门口—潼关河段、潼关—三门峡大坝河段以及支流沁河下游、渭河下游等河段治理。

加强病险水库除险加固和重要城市防洪设施建设。目前，国家高度重视病险水库的除险加固工作，准备用 3 年时间完成病险水库的除险加固工作。黄河流域特别要加强重点水库除险加固，如三门峡、故县、巴家嘴、胜利等水库；加强重要城市防洪工程建设，安排西宁、呼和浩特、太原、郑州、济南等省会城市和石嘴山、包头、延安、洛阳、开封、泰安、莱芜等重要中等城市的防洪能力达标工作，其他中小城市整体防洪能力全面提高。

2. 适当提高防洪标准和防洪等级，有效适应致洪压力

在工程设计考虑未来气候变化的影响，进一步提高流域防洪脆弱区的防洪标准，能有效适应气候变化的致洪压力。目前，黄河下游的防洪标准为"确保花园口站发生 22000m³/s 洪水大堤不决口；遇超标准洪水，要尽最大努力，采取一切办法缩小灾害"。1958 年花园口站发生实测最大洪水，洪峰流量为 22300m³/s。防御花园口站 22000m³/s 的流量标准于 1963 年经国务院批准开始实施，此洪水量级天然情况下相当于 30 年一遇，经过三门峡、陆浑、故县三座水库的调蓄作用后，约为 60 年一遇。小浪底水库建成生效后，花园口站发生洪水的概率近 1000 年一遇。

按照黄河流域修订水文设计成果，花园口站 22000m³/s 的流量已超过 1000 年一遇的防洪标准。随着黄河流域水利工程体系建设和近几十年来天然洪水的变化，虽然防御洪水的流量要求没有变化，但其相应的黄河下游堤防的防洪标准却发生了很大变化。黄河下游的防洪标准不宜再使用这个固定流量。由于黄河下游为"地上悬河"，保护区域面积大，当前黄河下游标准化堤防已经建成，近期两岸堤防应按1000 年一遇标准设防。当采用窄河固堤时，新的堤防仍延续 1000 年一遇的防洪标准考虑。

3. 提升灾害衍生意识，应对洪水次生灾害

由于气候变化导致的较大的变率，使得洪水发生的时空分布规律也会发生变化，人们通常对洪水引起的水土流失、水污染、供水安全和其他传染疾病等次生灾害准备不足[242-244]，可能会导致较大范围的损失。对于此类灾害的适应，需加强对流域历史

经验的总结、加强次生风险的观测和预报、加强风险管理的规划和资源配置力度、加强区域适应能力建设。

4. 明确职责职能，加强防洪减灾政策法规体系建设

一是加紧做好《黄河法》立法工作；二是加强黄河防汛管理法规建设，制定《黄河流域防汛条例》等，明确黄河流域防汛组织、机构、职责、管理权限和范围，促进黄河流域防洪减灾工作的正常开展；三是加强黄河河道工程管理制度建设；四是完善与有关法规的配套规范性文件建设。

6.3.2.3　适应性管理对策

1. 科学调度，提高水利工程调控能力

黄河流域水资源具有时空分布不均、枯水时段长的特征，气候变化影响下河川径流年际年内变幅加大，不确定性增大，调控难度增加，利用已建工程"蓄丰补枯"提高径流资源的调控能力是增加可供水量的有效途径[245-247]。目前黄河干支流已建大型水库 20 余座，总库容远超黄河的河川径流量。黄河干流也已形成龙羊峡、刘家峡、万家寨、三门峡、小浪底 5 座水库构成的骨干水库群，具备工程调蓄能力。

现阶段需科学规范水库群蓄泄秩序和规则，合理安排水库蓄水和放水，开展大型水库旱限水位控制、汛限水位优化以及梯级水库调度等工作，针对气候变化影响的不确定性以及径流随机性，开展风险调度等基础研究，以减缓气候变化对流域径流减小和极端水文事件的影响。

未来，应建立更加灵活有效的水库运行方式，不断优化调度水资源。应把气候预测纳入水库或河流调度运行中，及时调整水库调度规则和目标，并对水库运行方案和干旱应急计划进行系统的修正，通过增加运行方式的灵活性来提高对气候变化的适应能力。

2. 以法治水，落实最严格的水资源管理制度

黄河流域水资源短缺，气候变化背景下水资源量减小，进一步加剧水资源供需矛盾。近年来，国家推进"一带一路"倡议，涉及黄河流域陕、甘、宁、蒙、青 5 个省（自治区），产业布局加快带动水资源需求强烈、用水增长迅猛，进一步加剧了流域水资源供需矛盾。实施最严格的水资源管理制度、落实"三条红线"是黄河流域应对气候变化的必然选择。

深入贯彻实施最严格水资源管理制度，分解水资源总量控制、用水效率控制和水功能区限制纳污"三条红线"管理的考核指标体系。在流域层面要制定取水总量控制红线、严格控制超指标用水，制定与水资源承载能力相适应的生产规模和布局，控制用水量不合理增长；实施用水效率红线，科学设定用水效率门槛，实施定额管理，限制高耗水产业进入黄河流域；根据河流水功能区纳污能力的变化，设置污染物入河量控制红线，加强水功能区管理，保障河流的生态环境功能[248-253]。

　　未来，需对水资源管理体制改革进行深化，强化水资源统一管理和有效保护。提高各个机构的管理效能，尤其是加强取、用、输和排水的监测，各个部门机构严格监管涉及污染物排放问题更应该严加管控，建立与完善评估体系，以建立适应气候变化和水资源可持续利用的水行政管理机制，制定和完善相关政策、法律、法规体系，以法治水。

　　3. 加强水利行业监管，发挥水利工程的最大效益

　　根据流域不同区域的自然条件及经济社会发展状况，节水优先、以水定需，在生态方面提出可量化、可操作的指标和清单，建立一套完善的标准规范和制度体系，为人的行为划定红线。针对管理中的突出问题，聚焦管好"盛水的盆"和"盆里的水"。以全面推行河长制、湖长制为抓手，实现流域面貌根本改善。建立全国统一分级的监管体系，运用现代化监管手段[254]，通过强有力的监管发现问题，通过加强水利行业监管，发挥已建水利工程的最大效益，提高水利工程应对气候变化的能力。

6.3.3　气候变化应急响应对策

　　历史上黄河流域就是洪涝频发、水旱灾害严重的流域。气候变化影响下，黄河流域极端水文和气象事件呈现出不确定性和突发性特征，频率和强度均有所增大[255,256]。黄河流域气候变化应急响应对策包括以下几个方面。

6.3.3.1　加强预警体系建设，提高极端事件的准备、反应和恢复能力

　　极端事件的"准备—反应—修复"全过程应对措施，均需要利用预报预警技术。极端事件的"准备措施"主要是基于不同情景下的风险状况，减少极端事件对水资源管理的负面影响，需要短期和季节性的预警预报作为支撑；极端事件的"反应对策"旨在减少极端事件造成的直接影响，同样需要短期和季节性预警预报作支撑；极端事件的"恢复对策"是指在极端事件发生后，修复经济、社会和自然系统，其实施也需要基于季节性和长期性的预警预测。提高黄河流域应对极端事件的准备、反应和恢复能力，应首先识别极端事件发生、发展规律，做好对极端事件的预警预报工作。

　　在洪水预报和预警方面，应加快跨区域、跨部门、跨层级的洪水预警预报、应急决策会商等系统的建设。应加大水文气象投入，采用卫星遥感技术、传感器等技术来预测有关暴洪、泥石流、土壤墒情等洪水灾害信息，并逐步整合资源，将这些信息纳入共享数据库和决策系统中。提高黄河流域尤其是洪灾易发区的雨情汛情预报能力和信息化水平；应利用气象预报及短期气候预报技术，并结合水文模型和气候模型进行模拟预测，形成多层次的暴洪及泥石流预警系统，使公众有足够的时间采取措施抵御或躲避洪水灾害。

　　在旱灾预报预警方面，应将干旱监测预报作为黄河流域干旱应急体系的重要组成

部分。应建立专门的信息系统和机构，定期发布气象、水情、墒情、工情、农情等干旱实时信息[257-259]；并在此基础上，结合使用基于模型的季节性和中长期气候预测及水文预测，分析未来旱情的发展趋势并转换成早期预警，不断提高旱情动态评估的可信度，为各级抗旱管理部门决策提供科学依据。

6.3.3.2 建立健全应急预案，为极端事件提供行动指南

需制定一套合理的极端事件应急处置调度预案，为应对流域极端事件提供行动指南。黄河流域灾害重点发生在陕西、山西、甘肃、宁夏等省（自治区），灾害发生地区多为经济不发达山区。应急预案应重点关注灾害防治区内的城市、村镇居民点，尽可能减少灾害发生地区人民生命财产的损失，还应涵盖灾害准备、反应和恢复等不同阶段。

准备预案包括早期预警系统、应急规划等；反应预案包括应急方案、应急办法等，例如供水限制应急方案、应急水源调配方案、沿河地区应急引水办法等。除此之外，还包括紧急疏散撤离安置方案，如在极端事件发生后的影响区建立饮用水和卫生设施，洪水区的资产转移等；恢复预案包括基础设施重建、保险等。重建的目标不一定是修复到事件发生前的状况，特别是在现有的系统非常脆弱或严重损害的情况下，重建的工程可转移到脆弱性小的地区。

6.3.3.3 加强应急队伍建设，建立健全应急救灾体制

加强应急救灾队伍建设，包括专业抢险队伍建设、部队抢险队伍建设等，使抢险工作趋向专业化和现代化；进一步增强群众意识，提高应对极端灾害事件的能力；加大对救灾车辆、设备的工作投入，在对极端灾害可能带来的影响范围和后果进行预估，配备可用于特大灾害发生的救灾车辆、物资设备等，最大程度上做好应急救灾工作。

建立健全应急救灾行政领导制度和工作体制。应对气候变化可能导致的特大灾害，应做到未雨绸缪，高度重视救灾问题，建立和完善各级政府行政首长负责制，实行统一指挥，分级分部门负责，各有关部门实行岗位责任制；建立一套高效的工作体制，建立完善流域防洪指挥机构，加强流域总指挥部门与下属市、县指挥部门的联系，使在应对突发灾害事件的过程中，上下级以及同级别指挥机构之间能够做到协调统一，明确各自的责任与分工；对利益相关部门及单位也应设立救灾机构，便于及时调度和开展应急救灾工作。

6.4 本 章 小 结

本书基于黄河流域应对气候变化总体策略框架，对具体对策措施进行了梳理和汇总，形成了黄河流域应对气候变化对策一览表，见表6.3。

表 6.3　　黄河流域应对气候变化对策一览表

类别	常规对策		
	减缓对策（降低气候变化风险措施）	适应对策（提高气候变化抵御能力措施）	应急对策（极端事件准备、响应和修复措施）
应对水资源减少和干旱	推广节水技术：旱作、非充分灌溉技术；生物节水技术；干旱地区智能化灌溉综合节水技术；工业节水减排工艺；城市生活节水循环利用技术；节水灌溉技术服务体系建设；量水设施建设；新水价机制；节水灌溉技术和设备研发；节水灌溉示范　调整农业用水占比：退地减水、改种耐旱作物	加快水利基础设施建设：水库、河堤、蓄滞洪区、农村五小工程建设；工程技术措施应用（蓄、引、调、提、运、拉等）；扩大水利工程规模；储水设施建设　实施外流域调水：南水北调西线工程建设　开发非常规水源：研发非常规水资源利用技术；提高雨洪资源利用；修建非常规水源收集或蓄水体系；构建非常规水源利用扶持政策体系　实施抗旱技术：生物、工程、应急灌溉、农艺和化学抗旱技术；干旱形势的预判技术　实施干旱管理规划：工程和非工程方案　加强建立抗旱保障机制：行政管理、利益相关者保障措施	加强旱灾预警预报：干旱实时信息监测和发布；未来旱情预测预警系统；旱情动态评估　建立健全干旱应急预案：干旱应急规划；供水限制应急方案；应急水源调配方案；沿河地区应急引水办法
应对洪涝灾害		加强防洪工程建设：河防工程建设；蓄滞洪区建设；淤地坝工程建设；引洪放淤工程建设；水利枢纽组工程建设（水沙调控）　加强病险水库除险加固　重要城市防洪设施建设　提高防洪标准和等级　提升灾害防御意识　加强防洪政策法规体系建设：灾害风险的观测、预报和管理	加强洪水预警预报：开发洪水泥石流预警系统　建立健全洪水应急预案：建立洪水信息共享数据库；建立应急会商决策系统；洪水应急规划；紧急疏散方案；撤离安置方案；洪水区的资产转移方案；基础设施重建、保险方案

类别	常规对策		应急对策	
	减缓对策（降低气候变化风险措施）	适应对策（提高气候变化预防和抵御能力措施）	（极端事件准备、响应和修复措施）	
流域生态环境保护	调整种植结构：改变需肥低、环境效益突出作物（针对地下水受污染地区）			
	确保重点生态单元用水：重点浅水湿地水量和水质保障；重点鱼类产卵区、栖息地和洄游通道保护			
	实施生态保护相关工程：生态补水工程；黄河三角洲湿地生态修复工程；河口治理工程；退牧还草和荒漠化防治工程			
	加强流域水生态基础工作：水生态监测、生态系统调查与评价；水生态保护政策和法规制定；流域水生态修复规划制定；水生态保护宣传和教育			
	水利结构优化：产业结构调整；需水布局、方案和总量调整；水资源论证制度；加大水能资源开发（包括农村小水电）	实施科学的水库调度运行：旱限水位控制；汛限水位优化；梯级水库联合调度	加强应急队伍建设	专业抢险队伍建设；部队抢险队伍建设；增强群众减灾意识；加大应急救灾物资投入
	减少温室气体排放：减少煤炭等化石类能源使用；养殖废弃物资源化处理；增加森林蓄积量；制定各省碳减排目标和计划	实施"三条红线"管理：水资源总量控制；用水效率控制；水功能区纳污限制	建立完善应急救灾工作机制	行政首长负责制；部门岗位责任制
综合应对	加强气候变化基础研究	水资源管理体制改革：加强取、用、输和排水的监测；建立与完善评估体系；制定和完善政策、法律、法规体系	建立完善流域防洪抗旱指挥机构	
	推进科技进步与创新	加强水利行业监管		
	加强多部门联合协作			
	开展国际合作和交流			

第7章 结论与建议

7.1 黄河流域气候要素时空分布特征

黄河流域气候变化日趋显著，气候要素受多种因素的综合影响具有趋势性、突变性、周期性、空间异质性等特征。本书主要从降水、气温和蒸发三个方面分析了黄河流域关键气候要素的时空分布特征和深层次演变规律。

1. 趋势性和周期性

1961—2018 年，黄河流域多年平均降水量为 470.1mm，年均降水量从上游至下游逐渐增加，但根据长时间序列线性拟合结果，黄河上游年降水量以 4.0mm/10a 的速度上升，中游和下游分别以 3.1mm/10a 和 8.3mm/10a 的趋势减少，总体变化并不显著；在降水量演化过程中，其变化周期随着研究尺度的不同而发生相应的变化，即在时间域存在多层次的时间尺度结构和局部变化特征。18~32a 时间尺度周期性最强，其周期变化表现最稳定，具有全域性。28a 时间尺度周期震荡最强，为上游和中游年降水量变化第一主周期。

1961—2018 年，黄河流域多年平均气温为 5.8℃，年平均气温从上游至下游逐渐上升，上升幅度分别为 0.4℃/10a、0.2℃/10a 和 0.3℃/10a，上游地区气温增长最显著，全流域均符合全球气候变暖大趋势；黄河上游年平均气温变化过程也同样存在多时间尺度特征，其中，22~32a 时间尺度周期性最强，且主要发生在 1960—1970 年和 2010 年以后。28a 时间尺度周期震荡最强，为中游和下游年降水量变化第一主周期。

1961—2017 年，黄河流域多年平均蒸发皿蒸发量为 1067.3mm，上游、中游、下游多年平均蒸发量分别以 13.3mm/10a、13.1mm/10a 和 28.4mm/10a 的趋势减少。虽然黄河流域气温呈上升趋势，但蒸发皿蒸发量却呈递减趋势，说明在黄河流域存在"蒸发悖论"现象。研究表明中国西部地区蒸发皿蒸发量下降主要由于流域降水的减少以及风速和日照等蒸发气象动力下降所致；在时间序列上黄河流域上、中、下游的蒸发量年际变化具有统一性特征，22~32a 时间尺度周期性最强，28a 时间尺度周期震荡最强，为全流域年蒸发量变化第一主周期。

2. 突变性

黄河上游地区年降水量于 2015 年发生突变，在突变发生之前 2000—2010 年降水量呈不显著下降趋势，2010 年后开始逐年上升，证明近 10 年黄河上游地区呈现湿化趋势；黄河中游地区年降水量于 2016 年发生突变，在突变发生之前 2000—2010 年降水量呈显著下降趋势，2010 年后年降水量下降趋势有所减缓；黄河下游地区年降水量于 1961 年和 1964 年发生突变，1964 年突变使年降水量由不显著上升趋势转为不显著下降趋势，且在 1980—1992 年期间，年降水量下降趋势显著。

黄河上游地区年平均气温于 1996 年发生突变，之后呈显著上升趋势，进一步印证了黄河上游地区呈现暖湿化现象，且变暖趋势较变湿趋势发生更早；黄河中游地区年平均气温于 2000 年发生突变，且 2002 年后气温上升趋势显著；黄河下游地区年平均气温于 1998 年发生突变，突变使年平均气温由不显著上升趋势转为显著上升趋势。

黄河上游地区年蒸发量于 1975 年发生突变，1982 年后呈显著下降趋势，1995 年后下降趋势减缓，可以看出黄河上游年蒸发量突变时间早于降水和气温突变时间；黄河中游地区年蒸发量于 1978 年和 1995—2007 年期间发生突变，1983 年后下降趋势显著，1995 年后下降趋势减缓，黄河中游突变时间和上游突变时间较接近，但略晚于上游；黄河下游地区年蒸发量于 1990—1998 年期间发生突变，此后下降趋势逐渐增加，2008 年以后年下降趋势显著。

3. 空间异质性

黄河流域多年平均降水量受天气系统以及地形地貌的影响，总体上呈"南多北少，东多西少"的空间分布格局。年降水量由东南向西北地区递减，下游地区明显高于中上游地区。泾渭洛河区间内多年平均降雨量最高（1017.1mm），兰托区最低（130mm）。黄河年降水量空间变化与空间分布相反，由西北向东南递减，由上升转为下降趋势。其中，黄河上游兰州以上地区、中游山陕地区部分站点年降水量增幅大于 10mm/10a，增速较大，黄河上游东北地区、中游三花区间和黄河下游地区部分站点年降水量减幅大于 10mm/10a，降速较大。

黄河流域多年平均气温空间分布总体上呈"东部高、西部低，南部高、北部低"的空间格局。黄河流域中下游年平均气温明显高于上游，三花区间年平均气温最高（14.9℃），黄河源区最低（−6.5℃），整个流域年平均最大温差可达 21.4℃。年平均气温空间变化呈现全流域变暖趋势，其中西北地区年平均气温上升速度大于 0.3℃/10a，而东南地区上升速度较西北地区慢。结合降水的空间分布结果，进一步表明黄河上游西北地区呈现暖湿化现象，而下游地区呈现暖干现象。

黄河流域地貌形态差别较大，海拔大致可分为三级阶梯。第一级阶梯为海拔 4000m 以上的青藏高原，第二级阶梯是海拔为 1000～2000m 的黄土高原，第三级阶梯为海拔低于 100m 的华北大平原。各区域所述气候类型差异较大，由南向北依次是湿润、半湿润、半干旱和干旱型气候。蒸发皿蒸发量在地域上也存在一定的差异，平均蒸发皿蒸发量为 754.9～1424.0mm，总体上呈"北部多、南部少，东部多、西部少"的空间格局。蒸发皿蒸发量由东北向西南地区递减。在兰托区间最高，可达

1424.0mm，在兰州区间最低，仅 754.9mm。黄河流域蒸发皿蒸发量变化趋势以下降为主，其中黄河上游兰州以上区间部分站点、黄河下游蒸发皿蒸发量呈上升趋势，上升速度小于 5mm/10a；黄河中游部分站点蒸发皿蒸发量下降速度较大，大于 5mm/10a。

7.2　气候变化对黄河流域水资源的影响

本书以 1987 年为径流序列分割点，将黄河流域 1961—2016 年径流序列划分为 4 个阶段：1961—1986 年（基准期）、1987—1999 年（变化期Ⅰ）、2000—2009 年（变化期Ⅱ）和 2010—2016 年（变化期Ⅲ）。在此基础上结合数值模拟结果并运用归因分析方法，定量分析了气候变化、土地利用和水利工程等各因素对黄河上中下游径流变化的影响及贡献率。

根据归因分析结果可以看出，黄河全流域各时期径流变化均为负值，即与基准期相比各时期年平均流量均有所减少。其变化的成因总体上具有一致性，即水利工程＞土地利用＞气候变化，水利工程和土地利用变化为黄河流域径流减少的主导因素。其中气候变化和水利工程随时间推移在全流域尺度上呈稳步略有下降趋势，土地利用影响显著增加；对比发现，气候变化、土地利用和水利工程对径流变化的影响从上游至下游表现为逐渐增加趋势，其导致中、下游流量变化范围分别为 174.2～207.2m³/s、618.5～1050.1m³/s 和 440.3～841.5m³/s，明显大于其在上游对径流的影响值（101.5～106.4m³/s、426.4～445.8m³/s 和 149.1～211.9m³/s），表明各影响主要发生在黄河中下游地区。

在黄河上游流域，变化期Ⅱ相对于变化期Ⅰ总径流变化量增大，其中气候变化对径流影响的贡献率差异不大，土地利用变化导致的下垫面影响有所上升，而国家实施节水灌溉、限制人类取用水等措施使水利工程影响略有减少；在黄河中游流域，土地利用对径流变化的影响逐年增加，其中变化期Ⅲ的贡献率最大为 65.3%，甚至超过了工程影响（49.9%）。水利工程导致的径流变化基本维持在稳定水平，波动较小。但总体上变化期Ⅲ的径流变化量与变化期Ⅰ相当，主要由于在 2010—2016 年气候变化因素的影响为显著负值（－15.2%），虽然土地利用影响加剧，但气候因素导致的降水增加减缓了径流减少；黄河下游径流变化成因与中游具有相似性，变化期Ⅲ气候变化对径流的影响为负值，与中游表现相同，即气候变化使径流增加。土地利用导致的径流变化显著增加，水利工程的影响趋于稳定但仍是下游径流变化的最大因素。

21 世纪以来，国家实施了黄河流域生态恢复政策，植树造林、退耕还林等一系列措施改变了流域陆地表层能量和水分分布格局，进而改变了水循环过程，导致土地利用变化对径流的影响显著增加。另外，近十年国家大力治理黄河高原水土流失问题，实施了一系列水土保持综合措施，特别是淤地坝的建设，使得黄河中、下游一带下垫面变化显著，淤地坝在拦截黄河泥沙，改善生态环境方面具有重要作用，但同时也严重减少了黄河水量，在全球气候变化大背景下，对黄河水资源的负面影响更大。

7.3　气候变化影响下黄河流域未来水资源预估

本书利用全国气象站观测资料，并优选集合模式驱动陆面水文耦合模式 LSX－HMS，对气候变化下黄河流域未来水资源演变趋势进行预估。

2021—2070 年黄河流域上游、中游和下游年平均降水量，RCP2.6 情景比历史基准期将分别增加 54.9mm、20.4mm 和 49.7mm；RCP8.5 情景比历史基准期将分别增加 58.3mm、24.7mm 和 42.0mm。2021—2070 年黄河流域上游、中游和下游年平均气温，RCP2.6 情景比历史基准期将分别增加 1.1℃、1.1℃和 1.0℃，RCP8.5 情景比历史基准期将分别增加 2.1℃、2.0℃和 1.9℃。表明未来黄河流域降水和气温整体呈增加态势；温室气体排放量越大，年降水量和气温的增加幅度越大。

2022—2070 年，在 RCP2.6 情景下黄河流域兰州、头道拐和花园口年径流量呈不显著上升趋势，在 RCP8.5 情景下年径流量呈显著上升趋势。除 RCP2.6 情景下花园口未来年平均流量减少约 23.3m³/s，其他情况下径流较历史基准期均增加，但变化量较小，且径流增加量从上游至下游逐渐减少；随着温室气体排放量越大，年径流量的增加幅度越大。未来黄河流域可适当修建蓄水工程，保证水资源充分利用。

气候变化影响下，未来径流年内分布与历史基准期基本一致，但在 RCP2.6 情景下 8—9 月径流减少，在 RCP8.5 情景下 7—8 月径流减少。未来黄河流域汛初径流有减少的风险，应注重节约水源，并适当调节水库蓄水时机。

7.4　黄河流域应对气候变化建议

本书从黄河流域自身特点，以及气候变化条件下当前和未来水资源状况出发，归纳总结黄河流域气候变化减缓、适应和应急对策，提出黄河流域应对气候变化的建议，主要包括六方面：资源储备有余量、利用方式要高效、治理体系要完备、安全标准要科学、风险管控要到位、应急能力要加强。这 6 个方面的建议相辅相成，从不同的角度和层面为全面保障流域水资源安全以及区域社会经济的可持续发展提供支撑和参考。

1. 资源储备有余量

水资源储备在本质上包括了水资源蓄存、水资源调配和水资源供给的全过程。从战略高度加快流域水资源储备制度和体系的建设，是黄河流域应对气候变化、抗御自然灾害、维持水资源系统供给稳定性的重要措施[261-267]，也是实现流域水利、经济、社会可持续发展的重要后备支撑。

目前，黄河流域的水资源储备建设工作还处在探索阶段，建议加快建立完善的流域水资源储备工作的法律规范及管理体制[268,269]；在水资源储备前期研究和调查工作的基础上，尽快制定流域层面水资源储备具体规划方案，并分阶段完成各项目标，落实水资源储备工作；合理控制水资源开发利用程度，系统建立水资源战略储备机制。

2. 利用方式要高效

在气候变化和人类活动的双重影响下，黄河流域水资源短缺、水资源供需矛盾等问题日趋严峻。水资源利用效率低下已逐渐成为制约黄河流域可持续发展的重要因素[270-274]。

建议应采取一系列措施促进流域水资源利用效率的提高。适度开发，科学调水，实现水资源的配置优化；促进节水意识提高，推广节水技术，建立节水制度，保障水资源的可持续利用；引入市场竞争机制，实行科学管理，提高流域水资源的利用效率。

3. 治理体系要完备

建议建立完备的流域综合治理体系。加快流域综合规划、水资源综合规划、防洪规划等规划内容的实施[275-280]；加快建立完备的水资源安全保障、防洪安全保障、水生态安全保障体系；加强流域综合治理和洪旱灾害防治体系建设；明确近期气候变化重点问题，制定具有针对性，和可操作性的应对措施，提出具体方案。

4. 安全标准要科学

提高安全标准必须通过对未来气候变化的预测，以及对极端洪旱灾害事件的分析，并综合考虑流域社会、经济、人口、环境等各方面因素[281-286]，对旧的安全标准或相关规划区划进行改进，有利于降低由于未来气候变化不确定性带来的不利影响。

建议加强对流域气候变化影响重点问题的分析评估，适度、科学地提高治理标准与防御标准。应针对防洪减灾、供水保障等重点领域的气候变化影响问题，研究防洪标准、供水标准提高的必要性和可能性；加强气候变化对工程建设标准的影响研究，以现有相关规范为基础，以防御标准、治理标准调整为依据，分析研究工程设计标准和建设标准提高的适宜余度。

5. 风险管控要到位

建议加强对不同情景预测结果的评估，要针对气候变化影响评估预测模糊不确定性的特点加强分析研究，识别未来气候变化影响的不确定性风险，科学评估气候变化预测结果发生的可能性，以非常态和不确定性为重点[287-290]，实行风险决策和风险管理。

建议加强风险决策机制研究，研究建立气候变化影响的水安全保障风险管控体系，将风险应对贯穿于制定气候变化适应性对策的全过程[291]，研究建立不同层面风险管理、风险决策机制和风险管控体系，从调控风险、主动规避风险、规范涉水行为等方面落实风险管控措施。

6. 应急能力要加强

建议首先应加强气候变化对暴雨、洪水、干旱等极端事件的影响机理研究，提高对气候变化影响极端洪旱机理的认识，增强应急预案编制的科学性和合理性。

在对流域未来气候变化和水旱灾害间的相互影响关系的充分研究基础上，还应重点加强超标准洪水和极端干旱的应急应对体系建设，强化提高应急应对能力。以历史上发生的特大洪水和特殊干旱为立足点，强化未来气候变化条件下的极端洪涝、特殊干旱等非常态事件的应急应对机制建设[292-295]，完善应急预案制定，从动态监测、预警预报、应急处置、快捷响应等各个方面加强建设，全面提升应急应对能力。

7.5 不 足 与 展 望

气候变化背景下，黄河水资源量减少趋势显著，而需水量不断增加，未来水资源供需矛盾将日益尖锐，水安全面临重大挑战[296,297]。加之黄河流域自然状况十分复杂，水资源赋存条件、生态与环境状况并不优越，气候变化通过加剧极端干旱和洪涝灾害使得水利工程体系等问题更加突出[298-303]。现阶段黄河流域应对气候变化的薄弱环节突出表现在以下方面：

（1）江河防洪减灾体系仍然薄弱，病险水库依然存在，应对极端暴雨洪水的能力不足。

（2）水资源利用效率偏低、控制性工程与水资源调度工程体系尚未完善、非传统水源的开发利用程度不足，抗御极端干旱灾害、保障供水安全的能力不强。

（3）应急管理体系和灾害管理体系不够完善，应对突发性气候灾害的能力有待进一步提高。

（4）气候变化的影响机理不够清晰，目前对气候变化的影响评价具有较大的不确定性[304-307]，应对气候变化的基础科学研究尚待加强。

（5）对气候变化及其可能影响缺乏足够的或统一的认识，直接影响到应对气候变化的态度和行动实施。

因此，统筹考虑未来气候变化对黄河流域水沙情势的影响，关注对策与管理的需求及脆弱性的识别，是黄河流域应对气候变化的战略选择[308-311]。从提高黄河流域水资源应对气候变化能力的角度，未来需重点关注以下 3 个层面的问题。

（1）黄河径流减少、时空分布更加不均影响流域水资源利用格局和调配，需根据变化的水资源情势提出新的水资源调配策略。

（2）洪水、干旱等水文极端事件发生的频度和强度增加，流域防洪安全和供水安全面临新挑战[312]，需以洪水预报、干旱预警为基础实施洪水资源化利用和应对干旱的水资源调配。

（3）气候导致黄河中游产水产沙量锐减、水沙关系发生了显著变化，影响了黄河中下游水沙调控，需深化水沙综合利用的模式研究[313]，构建完善的水沙调控体系。

参 考 文 献

［1］ 史辅成，张冉. 近期黄河水沙量锐减的原因分析及认识 ［J］. 人民黄河，2013，35（7）：1-3.

［2］ 刘昌明，田巍，刘小莽，等. 黄河近百年径流量变化分析与认识 ［J］. 人民黄河，2019，41（10）：11-15.

［3］ Liang K，Liu C，Liu X M. Impacts of climate variability and human activity on streamflow decrease in a sediment concentrated region in the Middle Yellow River ［J］. Stochastic Environmental Research & Risk Assessment，2013，27（7）：1741-1749.

［4］ 赵阳，胡春宏，张晓明，等. 近 70 年黄河流域水沙情势及其成因分析 ［J］. 农业工程学报，2018，34（21）：112-119.

［5］ 江涛，陈永勤，陈俊合. 未来气候变化对我国水文水资源影响的研究 ［J］. 中山大学学报：自然科学版，2000，39（增刊2）：151-157.

［6］ Lettenmaier D P，Wood A W，Palmer R N，et al. Water resources implications of global warming：a U S regional perspective ［J］. Climatic Change，1999，43（3）：537-579.

［7］ 施雅风. 中国气候与海面变化及其趋势和影响：气候变化对西北华北水资源的影响 ［M］. 济南：山东科学技术出版社，1995.

［8］ 张建云，王国庆. 气候变化对水文水资源影响研究（精）［M］. 北京：科学出版社，2007.

［9］ 张建云. 短期气候异常对我国水资源的影响评估：国家"九五"重中之重科技项目 96-908-03-02 专题简介 ［J］. 水科学进展，1996（增刊1）：1-3.

［10］ 水利部水文局. 国家"十五"科技攻关计划（2001-BA611B-02-04）"气候变化对中国淡水资源的影响阈值及综合评价"［R］，1996.

［11］ 符淙斌，延晓冬，郭维栋. 北方干旱化与人类适应：以地球系统科学观回答面向国家重大需求的全球变化的区域响应和适应问题 ［J］. 自然科学进展，2006，16（10）：18-25.

［12］ 秦大河. 中国气候与环境演变：2012. 综合卷 ［M］. 北京：气象出版社，2012.

［13］ Crawford N H，Linsley R E. Digital simulation in hydrology：stanford watershed model IV（Technical Report No. 39，Department of Civil and Environmental Engineering）［R］. Stanford：Stanford University，1966.

［14］ 王中根，刘昌明，黄友波. SWAT 模型的原理、结构及应用研究 ［J］. 地理科学进展，2003，22（1）：79-86.

［15］ Tung C P，Haith D A. Global-warming effects on New York streamflows ［J］. Journal of Water Resources Planning & Management，1995，121（2）：216-225.

［16］ Guo S，Wang J，Xiong L，et al. A macro-scale and semi-distributed monthly water balance model to predict climate change impacts in China ［J］. Journal of Hydrology，2002，268（1）：1-15.

［17］ 李志，刘文兆，张勋，等. 气候变化对黄土高原黑河流域水资源影响的评估与调控 ［J］. 中国科学，2010，40（3）：352-362.

［18］ 王卫光，丁一民，徐俊增，等. 多模式集合模拟未来气候变化对水稻需水量及水分利用效率的影响 ［J］. 水利学报，2016，47（6）：715-723.

［19］ 陈磊. 黄河流域水资源对气候变化的响应研究 ［D］. 西安：西安理工大学，2017.

［20］ 孙福宝，杨大文，刘志雨，等. 基于 Budyko 假设的黄河流域水热耦合平衡规律研究 ［J］. 水利学

报，2007，38（4）：409－416.

[21] 杨大文，张树磊，徐翔宇. 基于水热耦合平衡方程的黄河流域径流变化归因分析 [J]. 中国科学：技术科学，2015，45（10）：22－32.

[22] Zhao G，Tian P，Mu X，et al. Quantifying the impact of climate variability and human activities on streamflow in the middle reaches of the Yellow River basin, China [J]. Journal of Hydrology, 2014，519：387－398.

[23] Gao G，Fu B，Wang S，et al. Determining the hydrological responses to climate variability and land use/cover change in the Loess Plateau with the Budyko framework [J]. Science of The Total Enviroment, 2016，557－558：331－342.

[24] Roderick，M L，Farquhar，G D. A simple framework for relating variations in runoff to variations in climatic conditions and catchment properties [J]. Water Resources Research，2011，47（12）：424－436.

[25] Sankarasubramanian A，Vogel R M. Hydroclimatology of the continental United States [J]. Geophysical Research Letters，2003，30（7）：314－326.

[26] Arora V K. The use of the aridity index to assess climate change effect on annual runoff [J]. Journal of Hydrology，2002，265（1）：164－177.

[27] Chiew F H S. Estimation of rainfall elasticity of streamflow in Australia [J]. Hydrological Sciences Journal，2006，51（4）：613－625.

[28] Donohue R J，Roderick M L，Mc V T R. Assessing the differences in sensitivities of runoff to changes in climatic conditions across a large basin [J]. Journal of Hydrology，2011，406（3）：234－244.

[29] 王国庆，张建云，刘九夫，等. 中国不同气候区河川径流对气候变化的敏感性 [J]. 水科学进展，2011，22（3）：307－314.

[30] 姚允龙，王蕾，吕宪国，等. 挠力河流域河流径流量对气候变化的敏感性分析 [J]. 地理研究，2012，31（3）：409－416.

[31] 王国庆，张建云，贺瑞敏，等. 环境变化对黄河中游汾河径流情势的影响研究 [J]. 水科学进展，2006，17（6）：853－858.

[32] 贾仰文，高辉，牛存稳，等. 气候变化对黄河源区径流过程的影响 [J]. 水利学报，2008，39（1）：52－58.

[33] Lan Y C，Zhao G H，Zhang Y N，et al. Response of runoff in the headwater region of the Yellow River to climate change and its sensitivity analysis [J]. Journal of Geographical Sciences，2010，20（6）：848－860.

[34] 张建云，王国庆，贺瑞敏，等. 黄河中游水文变化趋势及其对气候变化的响应 [J]. 水科学进展，2009，20（2）：3－8.

[35] 王宁. 基于 VIC 模型和 SDSM 的气候变化下西北旱区的径流响应模拟 [D]. 咸阳：西北农林科技大学，2014.

[36] 张光辉. 全球气候变化对黄河流域天然径流量影响的情景分析 [J]. 地理研究，2006，25（2）：268－275.

[37] 赵芳芳，徐宗学. 黄河源区未来气候变化的水文响应 [J]. 资源科学，2009，31（5）：12－20.

[38] Xu Z X，Zhao F F，Li J Y. Response of streamflow to climate change in the headwater catchment of the Yellow River basin [J]. Quaternary International，2009，208：62－75.

[39] 郑景云，文彦君，方修琦. 过去 2000 年黄河中下游气候与土地覆被变化的若干特征 [J]. 资源科学，2020，42（1）：3－19.

[40] 李彬. 变化环境下黄河流域水汽时空演变特征及水文响应研究 [D]. 呼和浩特：内蒙古农业大学，2018.

[41] 邵晓梅，严昌荣，魏红兵. 基于 Kriging 插值的黄河流域降水时空分布格局 [J]. 中国农业气象，2006，27（2）：65 - 69.

[42] 申双和，盛琼. 45 年来中国蒸发皿蒸发量的变化特征及其成因 [J]. 气象学报，2008，66（3）：452 - 460.

[43] Yu，Z B，Pollard D，Cheng L. On continental - scale hydrologic simulations with a coupled hydrologic model [J]. Journal of Hydrolog，2006，331（1 - 2）：110 - 124.

[44] Yu Z，Lakhtakia M N，Yarnal B，et al. Simulating the river - basin response to atmospheric forcing by linking a mesoscale meteorological model and hydrologic model system [J]. Journal of Hydrolog，1999，218（1 - 2）：72 - 91.

[45] 李敏. 区域气象-陆面水文耦合模式的研制及应用 [D]. 北京：中国科学院大学，2014.

[46] Loveland T R，Reed B C，Brown J F，et al. Development of a global land cover characteristics database and IGBP DIS cover from 1 km AVHRR data [J]. International Journal of Remote Sensing，2000，21（6 - 7）：1303 - 1330.

[47] 刘国彬，上官周平，姚文艺，等. 黄土高原生态工程的生态成效 [J]. 中国科学院院刊，2017，32（1）：11 - 19.

[48] 平凡，刘强，于海阁，等. BNU - ESM - RCP4.5 情景下 2018—2060 年拒马河河道内生态需水量和麦穗鱼栖息地面积模拟研究 [J]. 湿地科学，2017，15（2）：276 - 280.

[49] Gardner L R. Assessing the effect of climate change on mean annualrunoff [J]. Journal of Hydrology，2009，379：351 - 359.

[50] Asikoglu O L，Ciftlik D. Recent rainfall trends in the Aegean region of Turkey [J]. Journal of Hydrometeorology，2015，16（4）：1873 - 1885.

[51] 李景宗，刘立斌. 近期黄河潼关以上地区淤地坝拦沙量初步分析 [J]. 人民黄河，2018，40（1）：1 - 6.

[52] 闫旖君，徐建新，肖恒. 2021—2050 年河南省夏玉米净灌溉需水量对气候变化的响应 [J]. 气候变化研究进展，2017，13（2）：138 - 148.

[53] 张建云，宋晓猛，王国庆，等. 变化环境下城市水文学的发展与挑战：I：城市水文效应 [J]. 水科学进展，2014，25（4）：594 - 605.

[54] 杨燕舞，张雁秋. 水资源的脆弱性及区域可持续发展 [J]. 苏州科技学院学报（工程技术版），2002，15（4）：85 - 88.

[55] 阿布都卡依木·艾海提，阿不都沙拉木·加拉力丁，阿不都克依木·阿布里孜，等. 吐鲁番盆地地下水埋深的时空变异特征 [J]. 人民黄河，2017，39（5）：60 - 63.

[56] Loveland T R，Cochrane M A，Henebry G M. Landsat still contributing to environmental rescarch [J]. Trends in Ecology and Evolution，2008，23（4）：182 - 183.

[57] 李明星，马柱国. 基于模拟土壤湿度的中国干旱检测及多时间尺度特征 [J]. 中国科学：地球科学，2015，45（7）：994 - 1010.

[58] Org W M，Strachan N. Intergovernmental Panel on Climate Change（IPCC）releases third and final part of the fifth assessment report：mitigation of climate change [J]. United Nations，2007，114（D14）：48 - 56.

[59] IPCC. Climate change 2007：mitigation. Contribution of working group Ⅲ to the fourth assessment report of the Intergovernmental Panel on Climate Change [J]. Computational Geometry，2007，18（2）：95 - 123.

[60] Qin D，Stocker T，Boschung J，et al. Climate change 2007：the physical science basis. Contributions of working group 1 to the fourth assessment report of the Intergovernmental Panel on Climate Change [J]. Computational Geometry，2013，18（2）：95 - 123.

［61］ IPCC. Managing the risks of extreme events and disasters to advance climate change adaptation ［M］. Cambridge：Cambridge University Press，2012.

［62］ Kerr R A. The IPCC gains confidence in key forecast ［J］. Science，2013，342（6154）：23－24.

［63］ Charles S P. Bates B C，Viney N R. Linking atmospheric circulation to daily rainfall patterns across the Murrumbidgee River Basin ［J］. Water Science & Technology，2003，48（7）：233.

［64］ Solomon S，Qin D，Manning M. Climate change 2007：the physical science basis ［J］. South African Geographical Journal Being a Record of the Proceedings of the South African Geographical Society，2007，92（1）：86－87.

［65］ 秦大河，Thomas S. IPCC 第五次评估报告第一工作组报告的亮点结论 ［J］. 气候变化研究进展，2014，10（1）：1－6.

［66］ 耿润哲，张鹏飞，庞树江，等. 不同气候模式对密云水库流域非点源污染负荷的影响 ［J］. 农业工程学报，2015，31（22）：240－249.

［67］ 徐影，张冰，周波涛，等. 基于 CMIP5 模式的中国地区未来洪涝灾害风险变化预估 ［J］. 气候变化研究进展，2014，10（4）：268－275.

［68］ Gogu R C，Dassargues A. Current trends and future challenges in groundwater vulnerability assessment using overlay and index methods ［J］. Environmental Geology，2000，39（6）：549－559.

［69］ 符淙斌，安芷生，郭维栋. 中国生存环境演变和北方干旱化趋势预测研究（Ⅰ）：主要研究成果 ［J］. 地球科学进展，2005，20（11）：1168－1175.

［70］ 马龙，刘廷玺，马丽，等. 气候变化和人类活动对辽河中上游径流变化的贡献 ［J］. 冰川冻土，2015，37（2）：470－479.

［71］ Pan Z，Jin J，Li C，et al. A connection entropy approach to water resources vulnerability analysis in a changing environment ［J］. Entropy，2017，19（11）：591.

［72］ Downing T. Vulnerability to hunger in Africa：a climate change perspective ［J］. Global Environmental Change，1991，1（5）：365－380.

［73］ Liang K，Liu S，Bai P，et al. The Yellow River basin becomes wetter or drier? The case as indicated by mean precipitation and extremes during 1961－2012 ［J］. Theoretical and Applied Climatology，2015，119（3－4）：701－702.

［74］ 王富强，陈希. 气候变化对黄河流域农业需水的影响评价 ［J］. 中国农村水利水电，2014（5）：45－48.

［75］ Kumar P. Seasonal rain changes ［J］. Nature Climate Change，2013，3：783－784.

［76］ 郭松. 辽河流域水文特性分析 ［J］. 水科学与工程技术，2016，（3）：29－30.

［77］ 陈萍，陈晓玲. 鄱阳湖生态经济区农业系统的干旱脆弱性评价 ［J］. 农业工程学报，2011，27（8）：8－13.

［78］ Chen J，Liu Y，Pan T，et al. Population exposure to droughts in China under the 1.5 degrees C global warming target ［J］. Earth System Dynamics，2018，9（3）：1097－1106.

［79］ Sullivan C A. Quantifying water vulnerability：a multi－dimensional approach ［J］. Stochastic Environmental Research and Risk Assessment，2010，25（4）：627－640.

［80］ Laroui F，van der Zwaan B C C. Environment and multidisciplinarity three examples of avoidable confusion ［J］. Integrated Assessment，2002，3（4）：360－369.

［81］ Chen J，Xia J，Zhao Z，et al. Using the RESC model and diversity indexes to assess the cross－scale water resource vulnerability and spatial heterogeneity in the Huai River basin，China ［J］. Water，2016，8（10）：431.

［82］ 王绍武，叶瑾琳，龚道溢，等. 近百年中国年气温序列的建立 ［J］. 应用气象学报，1998，9（4）：9－18.

［83］ 中国气象局（CMA）. 中国气候变化蓝皮书：年平均气温显著上升［J］. 环境教育 2018（4）：10.

［84］ Willems P. Multidecadal oscillatory behaviour of rainfall extremes in Europe［J］. Climatic Change, 2013, 120（4）：931 - 944.

［85］ Sun S, Chen H, Ju W, et al. On the coupling between precipitation and potential evapotranspiration：Contributions to decadal drought anomalies in the Southwest China［J］. Climate Dynamics, 2017, 48（11 - 12）：3779.

［86］ Wang X J, Zhang J Y, Shamsuddin S, et al. Impacts of climate variability and changes on domestic water use in the Yellow River Basin of China［J］. Mitigation and Adaptation Strategies for Global, 2017, 22（4）：1 - 4.

［87］ 段峥嵘, 祖拜代·木依布拉, 夏建新, 等. 气候及土地类型变化条件下 阿克苏绿洲耗水特 征演变［J］. 应用基础与工程科学学报, 2018, 26（6）：1203 - 1216.

［88］ 李小雨, 余钟波, 杨传国, 等. 淮河流域历史覆被变化及其对水文过程的影响［J］. 水资源与水工程学报, 2015, 26（1）：37 - 42.

［89］ 刘绿柳. 水资源脆弱性及其定量评价［J］. 水土保持通报, 2002, 22（2）：41 - 44.

［90］ 夏军, 彭少明, 王超, 等. 气候变化对黄河水资源的影响及其适应性管理［J］. 人民黄河, 2014, 36（10）：1 - 4.

［91］ 曹丽格. 辽河流域气候变化及其对径流量的影响研究［D］. 北京：中国气象科学研究院, 2013.

［92］ 曹永强, 马静, 李香云, 等. 投影寻踪技术在大连市农业干旱脆弱性评价中的应用［J］. 资源科学, 2011, 33（6）：1106 - 1110.

［93］ 孙亚军, 延军平, 李强, 等. 关中中部近 10a 地下水动态变化的区域响应分析：以咸阳市为例［J］. 干旱区资源与环境, 2009, 23（1）：125 - 130.

［94］ 徐苏. 近 35 年长江流域土地利用时空变化特征及其径流效应［D］. 郑州：郑州大学, 2017.

［95］ Wang B, Zhang M, Wei J, et al. Changes in extreme events of temperature and precipitation over Xinjiang, northwest China, during 1960—2009［J］. Quaternary International, 2013, 298：141 - 151.

［96］ Scott Moore. Climate change, Water and China's National interest［J］. China Security, 2009, 5（3）：25 - 39.

［97］ Hirsch R M, Slack J R, Smith R A. Techniques of trend analysis for monthly water quality data［J］. Water Resources Research, 1982, 18（1）：107 - 121.

［98］ 董四方, 董增川, 陈康宁. 基于 DPSIR 概念模型的水资源系统脆弱性分析［J］. 水资源保护, 2000, 26（4）：1 - 25.

［99］ Öztopal A, Şen Z. Innovative trend methodology applications to precipitation records in Turkey［J］. Water Resources Management, 2017, 31（3）：727 - 737.

［100］ Wang X J, Zhang J Y, Gao J, et al. The new concept of water resources management in China：ensuring water security in changing environment［J］. Environment, Development and Sustainability, 2018, 20（4）：897 - 909.

［101］ Brewer C A, Pickle L. Evaluation of methods for classifying epidemiological data on choropleth maps in series［J］. Annals of the Association of American Geographers, 2002, 92（4）：662 - 681.

［102］ 王丹, 王爱慧. 1901—2013 年 GPCC 和 CRU 降水资料在中国大陆的适用性评估［J］. 气候与环境研究, 2017, 22（4）：446 - 462.

［103］ 夏军, 程书波, 郝秀平, 等. 气候变化对水质与水生态系统的潜在影响与挑战：以中国典型河流为例（英文）［J］. Journal of Resources and Ecology, 2010, 1（1）：31 - 35.

［104］ 邓慧平, 赵明华. 气候变化对莱州湾地区水资源脆弱性的影响［J］. 自然资源学报, 2001, 16（1）：9 - 15.

[105] 梁康. 气候和下垫面变化对黄河中游窟野河流域径流的影响研究 [D]. 北京：中国科学院大学，2014.

[106] Chen Y, Li Z, Fan Y, et al. Progress and prospects of climate change impacts on hydrology in the arid region of northwest China [J]. Environmental Research, 2015, 139: 11-19.

[107] 夏军，刘春蓁，刘志雨，等. 气候变化对中国东部季风区水循环及水资源影响与适应对策 [J]. 自然杂志，2016，38（3）：167-176.

[108] 胡实，莫兴国，林忠辉. 气候变化对黄淮海平原冬小麦产量和耗水的影响及品种适应性评估. 应用生态学报，2015，26（4）：1153-1161.

[109] Yu Z, Gu H, Wang J, et al. Effect of projected climate change on the hydrological regime of the Yangtze River basin, China [J]. Stochastic Environmental Research and Risk Assessment, 2015, 139: 11-19.

[110] 杨研，金晨曦，夏朋. "水-能源-粮食纽带关系" 典型国家实践及启示 [J]. 水利发展研究，2019，19（1）：78-81.

[111] 商彦蕊. 自然灾害综合研究的新进展：脆弱性研究 [J]. 地域研究与开发，2000，19（2），73-77.

[112] 夏星辉，吴琼，牟新利. 全球气候变化对地表水环境质量影响研究进展 [J]. 水科学进展，2012，23（1）：124-133.

[113] Holland H D. The chemical evolution of the atmosphere and oceans [M]. Princeton: Princeton University Press, 1984.

[114] Zhang Q, Peng J, Singh V P, et al. Spatio-temporal variations of precipitation in arid and semi-arid regions of China: The Yellow River basin as a case study [J]. Global and Planetary Change, 2014, 114: 38-49.

[115] Hasper T B, Wallin G, Lamba S, et al. Water use by Swedish boreal forests in a changing climate [J]. Functional Ecology, 2015, 30 (5): 690-699.

[116] Pradhan B, Lee S. Regional landslide susceptibility analysis using back-propagation neural network model at Cameron Highland, Malaysia [J]. Landslides, 2010, 7 (1): 13-30.

[117] Clark J S, Grimm E C, Donovan J J, et al. Drought cycles and landscape responses to past aridity on prairies of the Northern Great Plains, USA [J]. Ecology, 2002, 83 (3): 595-601.

[118] Cai J, Varis O, Yin H. China's water resources vulnerability: a spatio-temporal analysis during 2003—2013 [J]. Journal of Cleaner Production, 2017, 142: 2901-2910.

[119] Wang X, Yang T, Yong B, et al. Impacts of climate change on flow regime and sequential threats to riverine ecosystem in the source region of the Yellow River [J]. Environment Earth Sciences, 2018, 77 (12): 465.

[120] 曹建廷. 水资源适应性管理及其应用 [J]. 中国水利，2015，17：28-31.

[121] 姜仁贵，韩浩，解建仓，等. 变化环境下城市暴雨洪涝研究进展 [J]. 水资源与水工程学报，2016，27（03）：11-17.

[122] Karl T R, Knight R W, Plummer N. Trends in high-frequency climate variability in the twentieth century [J]. Nature, 1995, 377: 217-220.

[123] Suttles K M, Singh N K, Vose J M, et al. Assessment of hydrologic vulnerability to urbanization and climate change in a rapidly changing watershed in the Southeast U S [J]. Science of the Total Environment, 2018, 645 (15): 806-816.

[124] 姬兴杰，成林，方文松. 未来气候变化对河南省冬小麦需水量和缺水量的影响预估 [J]. 应用生态学报，2015，26（9）：2689-2699.

[125] Shen Y J, Shen Y, Fink M, et al. Trends and variability in streamflow and snowmelt runoff timing in the southern Tianshan Mountains [J]. Journal of Hydrology, 2018, 557: 173-181.

[126] 李国英. 黄河治理的终极目标是"维持黄河健康生命"[J]. 人民黄河, 2004, 26 (1): 1-3.

[127] 刘红辉, 江东, 杨小唤, 等. 基于遥感的全国 GDP 1km 格网的空间化表达 [J]. 地球信息科学, 2005, 7 (2): 120-123.

[128] Pahl W C, Downing T, Kabat P, et al. Transition to a-daptive water management: the newater project [R]. Osnabrück: Institute of Environmental Systems Research, University of Osnabrück, 2005.

[129] 姚玉璧, 张强, 李耀辉, 等. 干旱灾害风险评估技术及其科学问题与展望 [J]. 资源科学, 2013, 35 (9): 1884-1897.

[130] 郭晓英, 陈兴伟, 陈莹, 等. 气候变化与人类活动对闽江流域径流变化的影响 [J]. 中国水土保持科学, 2016, 14 (2): 88-94.

[131] 张建云, 章四龙, 王金星, 等. 近 50 年来中国六大流域年际径流变化趋势研究 [J]. 水科学进展, 2007, 18 (2): 230-234.

[132] 林而达, 许吟隆, 吴绍洪, 等. 气候变化国家评估报告（Ⅱ）: 气候变化的影响与适应 [J]. 气候变化研究进展, 2006, 2 (2): 51-56.

[133] Aslam R A, Shrestha S, Pandey V P. Groundwater vulnerability to climate change: a review of the assessment methodology [J]. Science of the Total Environment, 2018, 612: 853-875.

[134] 杨永辉, 任丹丹, 杨艳敏, 等. 海河流域水资源演变与驱动机制 [J]. 中国生态农业学报, 2018, 26 (10): 1443-1453.

[135] 刘梅, 吕军. 我国东部河流水文水质对气候变化响应的研究 [J]. 环境科学学报, 2015, 35 (1): 108-117.

[136] Almeida C, Ramos T, Sobrinho J, et al. An integrated modelling approach to study future water demand vulnerability in the Montargil reservoir basin [J]. Sustainability, 2019, 11 (1): 1-20.

[137] C Gang, Z Wang, W Zhou, et al. Assessing the spatiotemporal dynamic of global grassland water use efficiency in response to climate change from 2000 to 2013 [J]. Journal of Agronomy and Crop Science, 2016, 202 (5): 343-354.

[138] 刘思伟. 水资源与南亚地区安全 [J]. 南亚研究, 2010 (2): 1-9.

[139] 杜麦, 陈小威, 王颖. 基于多元统计分析的浐灞河水质污染特征研究 [J]. 华北水利水电大学学报（自然科学版）, 2017, 38 (6): 88-92.

[140] Wang X J, Zhang J Y, Shamsuddin S, et al. Impacts of climate variability and changes on domestic water use in the Yellow River Basin of China [J]. Mitigatio, 2017, 22 (4): 1-14.

[141] Qian H, Li P, Howard K W F, et al. Assessment of groundwater vulnerability in the Yinchuan Plain, Northwest China using OREADIC [J]. Environmental Monitoring and Assessment, 2012, 184 (6): 3613-3628.

[142] 刘少华, 严登华, 王浩, 等. 怒江上游流域降雪识别及其演变趋势和原因分析 [J]. 水利学报, 2018, 49 (2): 254-262.

[143] Pandey R P, Pandey A, Galkate R V, et al. Integrating hydro-meteorological and physiographic factors for assessment of vulnerability to drought [J]. Water Resources Management, 2010, 24 (15): 4199-4217.

[144] 程建忠, 陆志翔, 邹松兵, 等. 黑河干流上中游径流变化及其原因分析 [J]. 冰川冻土, 2017, 39 (1): 123-129.

[145] Wang L, Li Z, Wang F, et al. Glacier shrinkage in the Ebinur lake basin, Tien Shan, China, during the past 40 years [J]. Journal of Glaciology, 2017, 60 (220): 245-254.

[146] 樊辉, 何大明. 怒江流域气候特征及其变化趋势 [J]. 地理学报, 2012, 67 (5), 621-630.

[147] 库路巴依·吾布力. 新疆叶尔羌河水文要素变化特性分析 [J]. 水利规划与设计, 2016 (5): 41-44.

[148] 刘晓燕，张建中，张原峰. 黄河健康生命的指标体系 [J]. 地理学报，2006，61 (5)：451－460.

[149] Barker T, Bashmakov I, Bernstein L, et al. Summary for policymakers [J]. Climate Change Mitigation, 2007, 9 (1)：123－124.

[150] Voss K A, Famiglietti J S, Lo M H, et al. Groundwater depletion in the Middle East from GRACE with implications for transboundary water management in the Tigris－Euphrates－Western Iran region [J]. Water Resources Research, 2013, 49 (2)：904－914.

[151] 刘晓燕. 构建黄河健康生命的指标体系 [J]. 中国水利，2005 (21)：28－32.

[152] Liang Y, Wang Y, Yan X, et al. Projection of drought hazards in China during twenty－first century [J]. Theoretical & Applied Climatology, 2018, 133 (1－2)：331－341.

[153] Groisman P Y, Knight R W, Easterling D R, et al. Trends in intense precipitation in the climate record [J]. Journal of Climate, 2005, 18 (9)：1326－1350.

[154] Bohle H G, Downing T E, Watts M J. Climate change and social vulnerability：toward a sociology and geography of food insecurity [J]. Global Environmental Change, 1994, 4 (1)：37－48.

[155] Li F, Zhang G, Xu Y. Assessing climate change impacts on water resources in the Songhua River basin [J]. Water, 2016, 8 (10)：420.

[156] 罗庆，李洪兴，魏海春，等. 气候变化下饮水安全及其健康影响因素进展 [J]. 公共卫生与预防医学，2018，29 (3)：88－92.

[157] 陈军锋，李秀彬. 土地覆被变化的水文响应模拟研究 [J]. 应用生态学报，2004，15 (5)：833－836.

[158] Zhai J, Huang J, Su B, et al. Intensity－area－duration analysis of droughts in China 1960－2013 [J]. Climate Dynamics, 2016, 48 (1－2)：151－168.

[159] Shannon C E. A mathematical theory of communication [J]. Bell System Technical Journal, 1948, 27 (3)：379－423.

[160] Huang Z H, Hejazi M, Tang Q H, et al. Global agricultural green and blue water consumption under future climate and land use changes [J]. Journal of Hydrology, 2019, 574 (3)：242－256.

[161] Stahl K, Tallaksen L M, Hannaford J, et al. Filling the white space on maps of European runoff trends：estimates from a multi－model ensemble [J]. Hydrology and Earth System Sciences, 2012, 16 (7)：2035－2041.

[162] 翁建武，夏军，陈俊旭. 气候变化背景下水资源脆弱性评价方法及其应用分析 [J]. 水资源研究，2012，1 (4)：195－203.

[163] 龙泽锟. 气候变化对钱塘江流域水资源带来的威胁 [J]. 资源节约与环保，2016 (1)：158－160，168.

[164] 田英，赵钟楠，黄火键，等. 中国水资源风险状况与防控策略研究 [J]. 中国水利，2018 (5)：7－9.

[165] 董哲仁，孙东亚. 生态水利工程原理与技术 [M]. 北京：中国水利水电出版社，2007.

[166] 张洪波，辛琛，王义民，等. 宝鸡峡引水对渭河水文规律及生态系统的影响 [J]. 西北农林科技大学学报（自然科学版），2010，38 (4)：226－234.

[167] 贺文丽，李星敏，朱琳，等. 基于 GIS 的关中猕猴桃气候生态适宜性区划 [J]. 中国农学通报，2011，27 (22)：202－207.

[168] Ayantobo O O, Li Y, Song S, et al. Probabilistic modelling of drought events in China via 2－dimensional joint copula [J]. Journal of Hydrology, 2018, 559：373－391.

[169] 刘睿，夏军. 气候变化和人类活动对淮河上游径流影响分析 [J]. 人民黄河，2013，35 (9)：30－33.

[170] Vörösmarty C J, Green P, Salisbury J, et al. Global water resources：vulnerability from climate change and population growth [J]. Science, 2000, 289 (5477)：284－288.

[171] Hallegatte S, Green C, Nicholls RJ, et al. Future flood losses in major coastal cities [J]. Nature

Climate Change, 2013, 3 (9): 802 - 806.

[172] 匡洋, 夏军, 张利平. 海河流域水资源脆弱性理论及评价 [J]. 中国水论坛, 2012, 1 (5): 320 - 325.

[173] 夏军, 刘春蓁, 任国玉. 气候变化对我国水资源影响研究面临的机遇与挑战 [J]. 地球科学进展, 2011, 26 (1): 1 - 12.

[174] Wilhelmi O V, Wilhite D A. Assessing vulnerability to agricultural drought: a nebraska case study [J]. Natural Hazards, 2002, 25 (1): 37 - 58.

[175] 夏军, 邱冰, 潘兴瑶, 等. 气候变化影响下水资源脆弱性评估方法及其应用 [J]. 地球科学进展, 2012, 27 (4): 443 - 451.

[176] 潘颖. 气候变化对城市供水安全的影响分析及保障哈尔滨市供水安全的应对策略 [C] //2018 第十三届中国城镇水务发展国际研讨会与新技术设备博览会论文集. 北京: 中国城镇供水排水协会, 2018.

[177] Jie Z, Sun F, Xu J, et al. Dependence of trends in and sensitivity of drought over China (1961—2013) on potential evaporation model [J]. Geophysical Research Letters, 2016, 43 (1): 206 - 213.

[178] Zou J, Xie Z H, Zhan C S, et al. Effects of anthropogenic groundwater exploitation on land surface processes: a case study of the Haihe River basin, northern China [J]. Journal of Hydrology, 2015, 524: 625 - 641.

[179] 陈建国, 胡春宏, 董占地, 等. 黄河下游河道平滩流量与造床流量的变化过程研究 [J]. 泥沙研究, 2006 (5): 10 - 16.

[180] 左其亭, 张修宇. 气候变化下水资源动态承载力研究 [J]. 水利学报, 2015, 46 (4): 387 - 395.

[181] 王翠柏, 梁小俊, 楼章华, 等. 钱塘江上游径流时序变化的多时间尺度分析 [J]. 人民黄河, 2013, 35 (3): 30 - 32.

[182] Zhang L, Nan Z, Xu Y, et al. Hydrological impacts of land use change and climate variability in the headwater region of the Heihe River basin, Northwest China [J]. Plos One, 2016, 11 (6): e0158394.

[183] 夏军, Thomas Tanner, 任国玉, 等. 气候变化对中国水资源影响的适应性评估与管理框架 [J]. 气候变化研究进展, 2008, 4 (4): 215 - 219.

[184] 李毅, 周牡丹. 气候变化情景下新疆棉花和甜菜需水量的变化趋势 [J]. 农业工程学报, 2015, 31 (4): 121 - 128.

[185] 蔡超, 任华堂, 夏建新. 气候变化下我国主要农作物需水变化 [J]. 水资源与水工程学报, 2014, 25 (1): 71 - 75.

[186] Arnone E, Pumo D, Viola F, et al. Rainfall statistics changes in Sicily [J]. Hydrology and Earth System Sciences, 2013, 17 (7): 2449 - 2458.

[187] Chen H, Sun J. Characterizing present and future drought changes over eastern China [J]. International Journal of Climatology, 2017, 37: 138 - 156.

[188] 张晨, 刘汉安, 高学平, 等. 气候变化对于桥水库总磷与溶解氧的潜在影响分析 [J]. 环境科学, 2016, 37 (8): 2932 - 2939.

[189] Anderson R L. Distribution of the serial correlation coefficients [J]. Annals of Mathematical Statistics, 1942, 13 (1): 1 - 13.

[190] 刘吉开, 万甜, 程文, 等. 未来气候情境下渭河流域陕西段非点源污染负荷响应 [J]. 水土保持通报, 2018, 38 (4): 88 - 92.

[191] Shi W, Xia J, Gippel C J, et al. Influence of disaster risk, exposure and water quality on vulnerability of surface water resources under a changing climate in the Haihe River basin [J]. Water International, 2017, 42 (4): 462 - 485.

[192] Chen Y, Li W, Deng H, et al. Changes in central Asia's water tower: past, present and future

［J］. Scientific Reports，2016，6：35458.

［193］ 侯丽娜，黄站峰，唐兵. 气候变化对滇中引水工程取水影响分析［J］. 人民长江，2019，50（1）：75-78，101.

［194］ 向燕芸，陈亚宁，张齐飞，等. 天山开都河流域积雪、径流变化及影响因子分析［J］. 资源科学，2018，40（9）：1855-1865.

［195］ 王晓宇，王卫光，丁一民，等. 生育期模型的不确定对未来四川水稻灌溉需水量影响［J］. 中国农村水利水电，2019，7：11-14.

［196］ 刘艳，杨耘，聂磊，等. 玛纳斯河出山口径流 EEMD-ARIMA 预测［J］. 水土保持研究，2017，24（6）：273-280.

［197］ 丁一汇，任国玉. 中国气候变化科学概论［M］. 北京：气象出版社，2008.

［198］ Wang G Q, Zhang J Y, He R M, et al. Runoff sensitivity to climate change for hydro-climatically different catchments in China［J］. Stochastic Environmental Research and Risk Assessment, 2017, 31（4）：1011-1021.

［199］ 苏中海，陈伟忠. 近 60 年来长江源区径流变化特征及趋势分析［J］. 中国农学通报，2016，32（34），166-171.

［200］ 王志成，方功焕，张辉，等. 阿克苏河灌区作物需水量对气候变化的敏感性分析［J］. 沙漠与绿洲气象，2018，12（3）：33-39.

［201］ 刘会源. 黄土高原淤地坝建设对黄河水资源的影响预测［J］. 中国水土保持，2004（7）：32-34.

［202］ 白雪娇，王鹏新，解毅，等. 基于结构相似度的关中平原旱情空间分布特征［J］. 农业机械学报，2015，46（11）：345-351.

［203］ 苏茂林，安新代. 黄河水资源管理与调度［M］. 郑州：黄河水利出版社，2008.

［204］ 苏晓莉，平劲松，叶其欣. GRACE 卫星重力观测揭示华北地区陆地水量变化［J］. 中国科学：地球科学，2012，42（6）：917-922.

［205］ 李二辉，穆兴民，赵广举. 1919—2010 年黄河上中游区径流量变化分析［J］. 水科学进展，2014，25（2）：155-163.

［206］ 于保慧. 气候变化模式对大凌河流域水质影响的定量分析［J］. 东北水利水电，2015，33（9）：30-32.

［207］ Li B Q, Liang Z M, Zhang J Y, et al. Attribution analysis of runoff decline in a semiarid region of the Loess Plateau, China［J］. Theoretical and Applied Climatology, 2018, 131（1-2）：845-855.

［208］ Watts M J, Bohle H G. The space of vulnerability：the causal structure of hunger and famine［J］. Progress in Human Geography, 1993, 17（1）：43-67.

［209］ 王劲松，李耀辉，王润元，等. 我国气象干旱研究进展评述［J］. 干旱气象，2012，30（4）：497-508.

［210］ 刘晓燕，张建中，常晓辉，等. 维持黄河健康生命的关键途径分析［J］. 人民黄河，2005，27（9）：5-8.

［211］ 李少伟，吴玉成. 我国地下水资源管理保护对抗旱减灾的影响［J］. 中国防汛抗旱，2013，23（4）：39-41.

［212］ 郭军艳. 渭南市近 30 年地下水位动态变化特征分析［J］. 地下水，2017，39（4）：62-64.

［213］ 周天娃. 未来气候情境对作物生产水足迹的影响研究：以河套灌区为例［D］. 咸阳：西北农林科技大学. 2017.

［214］ 柏玲，陈忠升，王充，等. 西北干旱区阿克苏河径流对气候波动的多尺度响应［J］. 地理科学，2017，37（5）：799-806.

［215］ 张利茹，贺永会，唐跃平，等. 海河流域径流变化趋势及其归因分析［J］. 水利水运工程学报，2017（4）：59-65.

[216] 罗贤, 何大明, 季漩, 等. 近 50 年怒江流域中上游枯季径流变化及其对气候变化的响应 [J]. 地理科学, 2016, 36 (1): 107 - 113.

[217] 冯慧敏, 张光辉, 王电龙, 等. 华北平原粮食作物需水量对气候变化的响应特征 [J]. 中国水土保持科学, 2015, 13 (3): 130 - 136.

[218] 李承鼎, 康世昌, 刘勇勤, 等. 西藏湖泊水体中主要离子分布特征及其对区域气候变化的响应 [J]. 湖泊科学, 2016 (4): 743 - 754.

[219] 果有娜, 张晨. 气象因素作用下于桥水库悬浮物对总磷的影响 [J]. 水资源保护, 2018, 34 (6): 75 - 79.

[220] 袁菲, 卢陈, 何用, 等. 近 50 年来西、北江干流径流变化特征及其发展趋势预测 [J]. 人民珠江, 2017, 38 (4): 8 - 11.

[221] Chung E G, Bombardelli F A, Schladow S G. Modeling linkages between sediment resuspension and water quality in a shallow, eutrophic, wind - exposed lake [J]. Ecological Modelling, 2009, 220 (9 - 10): 1251 - 1265.

[222] 董李勤. 气候变化对嫩江流域湿地水文水资源的影响及适应对策 [D]. 长春: 中国科学院研究生院 (东北地理与农业生态研究所), 2013.

[223] 牛纪苹, 粟晓玲, 唐泽军. 气候变化条件下石羊河流域农业灌溉需水量的模拟与预测 [J]. 干旱地区农业研究, 2016, 34 (1): 206 - 212.

[224] 霍治国, 范雨娴, 杨建莹, 等. 中国农业洪涝灾害研究进展 [J]. 应用气象学报, 2017 (6): 3 - 15.

[225] Utete B, Phiri C, Mlambo S S, et al. Vulnerability of fisherfolks and their perceptions towards climate change and its impacts on their livelihoods in a peri - urban lake system [J]. 2019, 21 (2): 917 - 934.

[226] 高占义. 气候变化对地下水影响的研究 [J]. 中国水利, 2010 (8): 8.

[227] 李姝蕾, 鲁程鹏, 李伟, 等. 长江螺山站 50 年来基流演变趋势分析 [J]. 水资源与水工程学报, 2015, 26 (5): 128 - 131.

[228] 王国庆, 张建云, 章四龙. 全球气候变化对中国淡水资源及其脆弱性影响研究综述 [J]. 水资源与水工程学报, 2005, 16 (2): 7 - 15.

[229] 李阔, 何霄嘉, 许吟隆, 等. 中国适应气候变化技术分类研究 [J]. 中国人口·资源与环境, 2016, 26 (2): 18 - 26.

[230] 杨春利, 蓝永超, 王宁练, 等. 1958—2015 年疏勒河上游出山径流变化及其气候因素分析 [J]. 地理科学, 2017, 37 (12): 1894 - 1899.

[231] 轩俊伟, 郑江华, 刘志辉. 近 50 年新疆小麦需水量时空特征及气候影响因素分析 [J]. 水土保持研究, 2015, 22 (4): 155 - 167.

[232] 刘丹丹, 梁丰, 王婉昭, 等. 基于 GPCC 数据的 1901—2010 年东北地区降水时空变化 [J]. 水土保持研究, 2017, 24 (2): 124 - 131.

[233] 张允, 赵景波. 近 200 年来关中地区干旱灾害时空变化研究 [J]. 干旱区资源与环境, 2008, 22 (7): 94 - 98.

[234] Ranjan P, Kazama S, Sawamoto M. Effects of climate change on coastal fresh groundwater resources [J]. Global Environmental Change, 2006, 16 (4): 388 - 399.

[235] 安贵阳, 郝振纯. 淮河中上游流域降水及径流变化特性 [C] //面向未来的水安全与可持续发展: 第十四届中国水论坛论文集. 北京: 中国水利水电出版社, 2016.

[236] Tabari H, Taye M T, Onyutha C, et al. Decadal analysis of river flow extremes using quantile - based approaches [J]. Water Resources Management, 2017, 31 (11): 3371 - 3387.

[237] 胡海英, 黄国如, 黄华茂. 辽河流域铁岭站径流变化及其影响因素分析 [J]. 水土保持研究, 2013, 20 (2): 98 - 102.

[238] Fu G B，Charles S P，Chiew F H S. A twoparameter climate elasticity of streamflow index to assess climate change effects on annual streamflow [J]. Water Resources Research，2007，43 (11)：W11419.

[239] Sarewitz D，Pielke R，Keykhah M. Vulnerability and risk：some thoughts from a political and policy perspective [J]. Risk Analysis，2003，23 (4)：805 - 810.

[240] Giese N，Darby J. Sensitivity of microorganisms to different wavelengths of UV light：implications on modeling of medium pressure UV systems [J]. Water Research，2000，34 (16)：4007 - 4013.

[241] 张建云，王银堂，贺瑞敏，等. 中国城市洪涝问题及成因分析 [J]. 水科学进展，2016，27 (4)：485 - 491.

[242] 倪深海，顾颖，王会容. 中国农业干旱脆弱性分区研究 [J]. 水科学进展，2005，16 (5)：705 - 709.

[243] 夏军，刘春蓁，任国玉. 气候变化对我国水资源影响研究面临的机遇与挑战 [J]. 地球科学进展，2011 (1)：1 - 12.

[244] 姜海波，冯斐，周阳. 塔里木河流域水资源脆弱性演变趋势及适应性对策研究 [J]. 水资源与水工程学报，2014，25 (2)：81 - 84.

[245] 贺瑞敏，王国庆，张建云，等. 气候变化对大型水利工程的影响 [J]. 中国水利，2008 (2)：52 - 54，46.

[246] 王金霞，李浩，夏军，等. 气候变化条件下水资源短缺的状况及适应性措施：海河流域的模拟分析 [J]. 气候变化研究进展，2008 (6)：336 - 341.

[247] Wehrl A. General properties of entropy [J]. Reviews of Modern Physics，1978，50 (2)：221 - 260.

[248] 董李勤，章光新，张昆. 嫩江流域湿地生态需水量分析与预估 [J]. 生态学报，2015，35 (18)：6165 - 6172.

[249] 吴坤鹏，刘时银，鲍伟佳，等. 1980—2015 年青藏高原东南部岗日嘎布山冰川变化的遥感监测 [J]. 冰川冻土，2017，39 (1)：24 - 34.

[250] 刘苏峡，丁文浩，莫兴国，等. 澜沧江和怒江流域的气候变化及其对径流的影响 [J]. 气候变化研究进展，2017，13 (4)：356 - 365.

[251] 张质明，王晓燕，马文林，等. 未来气候变暖对北运河通州段自净过程的影响 [J]. 中国环境科学，2017，37 (2)：730 - 739.

[252] Shao D G，Chen S，Tan X Z，et al. Drought characteristics over China during 1980—2015 [J]. International Journal of Climatology，2018，38 (9)：3532 - 3545.

[253] Pan S F，Chen G S，Ren W，et al. Responses of global terrestrial water use efficiency to climate change and rising atmospheric CO_2 concentration in the twenty - first century [J]. International Journal of Digital Earth，2018，11 (6)：558 - 582.

[254] 闻新宇，王绍武，朱锦红，等. 英国 CRU 高分辨率格点资料揭示的 20 世纪中国气候变化 [J]. 大气科学，2006，30 (5)：894 - 904.

[255] 夏军，石卫，陈俊旭，等. 变化环境下水资源脆弱性及其适应性调控研究-以海河流域为例 [J]. 水利水电技术，2015，46 (6)：27 - 33.

[256] 陈亚宁，李稚，范煜婷，等. 西北干旱区气候变化对水文水资源影响研究进展 [J]. 地理学报，2014，69 (9)：1295 - 1304.

[257] 鲍金丽，王卫光，丁一民. 控制灌溉条件下水稻灌溉需水量对气候变化的响应 [J]. 中国农村水利水电，2016 (8)：105 - 108.

[258] Adamowski K，Bocci C. Geostatistical regional trend detection in river flow data [J]. Hydrological Processes，2001，15 (18)：3331 - 3341.

[259] 陈志恺. 持续干旱与华北水危机 [J]. 中国水利，2002 (4)：8 - 11.

[260] 唐国平，李秀彬，刘燕华. 全球气候变化下水资源脆弱性及其评估方法 [J]. 地球科学进展，

2000，15（3）：313 - 317.

[261] 涂新军，陈晓宏，刁振举，等. 珠江三角洲 Copula 径流模型及西水东调缺水风险分析 [J]. 农业工程学报，2016，32（18）：162 - 168.

[262] Gallopín G C. Linkages between vulnerability，resilience，and adaptive capacity [J]. Global Environmental Change，2006，16（3）：293 - 303.

[263] 臧正. 水资源可持续承载力的概念与实证：以中国大陆为例 [J]. 资源与生态学报，2019，10（1）：9 - 20.

[264] Piao S，Ciais P，Huang Y，et al. The impacts of climate change on water resources and agriculture in China [J]. Nature，2010，467（7311）：43 - 51.

[265] Piao S，Fang J，Ciais P，et al. The carbon balance of terrestrial ecosystems in China [J]. China Basic Science，2010，458（7241）：1009 - 1013.

[266] 黄志刚，肖烨，张国，等. 气候变化背景下松嫩平原玉米灌溉需水量估算及预测 [J]. 生态学报，2017，37（7）：2368 - 2381.

[267] 郗梓添. 气候变化对水循环与水资源的影响研究综述 [J]. 珠江水运，2016（6）：78 - 79.

[268] Barnett T P，Adam J C，Lettenmaier D P. Potential impacts of a warming climate on water availability in snow - dominated regions [J]. Nature，2005，438（7066）：303 - 309.

[269] 匡洋，李浩，夏军，等. 气候变化对跨境水资源影响的适应性评估与管理框架 [J]. 气候变化研究进展，2018：67 - 76.

[270] Ahmadalipour A，Moradkhani H，Castelletti A，et al. Future drought risk in Africa：integrating vulnerability，climate change，and population growth [J]. Science of the Total Environment，2019，662（ARR. 20）：672 - 686.

[271] 王丹，陈永金，燕东芝. 近 23 a 气候变化对东平湖水位及 TN、TP 的影响 [J]. 人民黄河，2016，38（8）：60 - 64.

[272] 刘春蓁，刘志雨，谢正辉. 地下水对气候变化的敏感性研究进展 [J]. 水文，2007，27（2）：1 - 6.

[273] Koutroulis A G，Papadimitriou L V，Grillakis M G，et al. Freshwater vulnerability under high end climate change. A pan - European assessment [J]. Science of the Total Environment，2017，613 - 614：271.

[274] 贺瑞敏，张建云，鲍振鑫，等. 海河流域河川径流对气候变化的响应机理 [J]. 水科学进展，2015，26（1）：1 - 9.

[275] Jain V K，Pandey R P，Jain M K. Spatio - temporal assessment of vulnerability to drought [J]. Natural Hazards，2015，76（1）：443 - 469.

[276] Zhang X，Dong Q，Costa V，et al. A hierarchical Bayesian model for decomposing the impacts of human activities and climate change on water resources in China [J]. Science of the Total Environment，2019，665：836 - 847.

[277] Yao T，Wang Y，Liu S，et al. Recent glacial retreat in High Asia in China and its impact on water resource in Northwest China [J]. Science in China Series D：Earth Sciences，2004，47（12）：1065 - 1075.

[278] Deeb M，Grimaldi M，Lerch T Z，et al. Influence of organic matter content on hydro - structural properties of constructed technosols [J]. Pedosphere，2016，26（4）：486 - 498.

[279] Wilhite D A，Glantz M H. Understanding the drought phenomenon：the role of definitions [J]. Water International，1985，10（3）：111 - 120.

[280] 陈俊旭，夏军，洪思，等. 水资源关键脆弱性辨识及适应性管理研究进展 [J]. 人民黄河，2013，35（9）：24 - 26.

[281] 曹永强，刘明阳，张路方. 河北省夏玉米需水量变化特征及未来可能趋势 [J]. 水利经济，

2019，37（2）：46-52.

[282] 刘少华. 怒江上游流域水循环演变规律及其对气候变化的响应［D］. 北京：中国水利水电科学研究院，2017.

[283] 夏军，石卫，雒新萍，等. 气候变化下水资源脆弱性的适应性管理新认识［J］. 水科学进展，2015，26（2）：279-286.

[284] 苏中海，陈伟忠，闫永福. 青海澜沧江源径流变化及其对降水的响应［J］. 现代农业科技，2016（8）：180-182.

[285] Wang Y，Ren F，Zhao Y，et al. Comparison of two drought indices in studying regional meteorological drought events in China［J］. Journal of Meteorological Research，2017（1）：189-197.

[286] 李小牛，周长松，周孝德，等. 污灌区浅层地下水污染风险评价研究［J］. 水利学报，2014，45（3）：326-334.

[287] Schewe J，Heinke J，Gerten D，et al. Multimodel assessment of water scarcity under climate change［J］. Proceedings of the National Academy of Sciences，2014，111（9）：3245-3250.

[288] Chen Y，Feng Y，Zhang F，et al. Assessing water resources vulnerability by using a rough set cloud model：a case study of the Huai River basin，China［J］. Entropy，2019，21（1）：14.

[289] Crossman J，Futter M N，Oni S K，et al. Impacts of climate change on hydrology and water quality：future proofing management strategies in the Lake Simcoe watershed，Canada［J］. Journal of Great Lakes Research，2013，39（1）：19-32.

[290] Huai B，Li Z，Sun M，et al. Change in glacier area and thickness in the Tomur Peak，western Chinese Tien Shan over the past four decades［J］. Journal of Earth System Science，2015，124（2）：353-365.

[291] 任国玉. 气候变化与中国水资源［M］. 北京：气象出版社，2007.

[292] 赵建华，刘翠善，王国庆，等. 近60年来黄河流域气候变化及河川径流演变与响应［J］. 华北水利水电大学学报（自然科学版），2018，39（3）：1-5.

[293] 何盘星，胡鹏飞，孟晓于，等. 气候变化与人类活动对陆地水储量的影响［J］. 地球环境学报，2019，10（1）：38-48.

[294] 康永辉，解建仓，黄伟军，等. 农业干旱脆弱性模糊综合评价［J］. 中国水土保持科学，2014，12（2）：113-120.

[295] 王芬，曹杰，李腹广，等. 多套格点降水资料在云南及周边地区的对比［J］. 应用气象学报，2013，24（4）：472-483.

[296] Wang G，Gong T，Lu J，et al. On the long-term changes of drought over China（1948—2012）from different methods of potential evapotranspiration estimations［J］. International Journal of Climatology，38（7）：2954-2966.

[297] Sheikh M M，Manzoor N，Ashraf J，et al. Trends in extreme daily rainfall and temperature indices over South Asia［J］. International Journal of Climatology，2015，35（7）：1625-1637.

[298] Zhang E，Yin X A，Xu Z，et al. Bottom-up quantification of inter-basin water transfer vulnerability to climate change［J］. Ecological Indicators，2017，92（9）：195-206.

[299] 冯亚文，任国玉，刘志雨，等. 长江上游降水变化及其对径流的影响［J］. 资源科学，2013，35（6）：1268-127.

[300] 王跃峰，陈莹，陈兴伟. 基于 TFPW-MK 法的闽江流域径流趋势研究［J］. 中国水土保持科学，2013，11（5）：96-102.

[301] Wang G Q，Zhang J Y，Yang Q L. Attribution of runoff change for the Xinshui River catchment on the Loess Plateau of China in a changing environment［J］. Water，2016，8（6）：267.

[302] Zhao S，Cong D，He K，et al. Spatial-temporal variation of drought in China from 1982 to 2010

based on a modified temperature vegetation drought index [J]. Scientific Reports，2017，7 (1)：17473.

[303] 刘燕华，钱凤魁，王文涛，等. 应对气候变化的适应技术框架研究 [J]. 中国人口·资源与环境，2013，23 (5)：1-6.

[304] 田翠. 黄河径流演变特征与预报模型研究 [D]. 郑州：华北水利水电大学，2017.

[305] 联合国教科文组织驻华代表处. 气候变化影响及黄河流域适应性管理对策＝Climate change impacts and adaptation strategies in the Yellow River basin：英文 [M]. 北京：科学普及出版社，2011.

[306] 赵华侠，陈建国，陈建武，等. 黄河下游洪水期输沙用水量与河道泥沙冲淤分析 [J]. 泥沙研究，1997 (3)：57-61.

[307] 刘希胜，李其江，段水强，等. 黄河源径流演变特征及其对降水的响应 [J]. 中国沙漠，2016，36 (6)：1721-1730.

[308] 夏军，谈戈. 全球变化与水文科学新的进展与挑战 [J]. 资源科学，2002，24 (3)：1-7.

[309] 刘梅. 我国东部地区气候变化模拟预测与典型流域水文水质响应研究 [D]. 杭州：浙江大学，2015.

[310] 金君良，王国庆，刘翠善. 黄河源区水文水资源对气候变化的响应 [J]. 干旱区资源与环境，2013，27 (5)：137-143.

[311] Tang Y，Tang Q，Tian F，et al. Responses of natural runoff to recent climatic variations in the Yellow River basin，China [J]. Hydrology and Earth System Sciences，2013，17 (11)：4471-4480.

[312] 李峰平. 变化环境下松花江流域水文与水资源响应研究 [D]. 长春：中国科学院研究生院（东北地理与农业生态研究所），2015.

[313] 何霄嘉. 黄河水资源适应气候变化的策略研究 [J]. 人民黄河，2017，39 (8)：44-48.